黄河流域生态保护与高质量发展研究

王文保 著

中国书籍出版社
China Book Press

图书在版编目（CIP）数据

黄河流域生态保护与高质量发展研究 / 王文保著

. -- 北京：中国书籍出版社，2022.10

ISBN 978-7-5068-9221-6

Ⅰ.①黄… Ⅱ.①王… Ⅲ.①黄河流域—生态环境保

护—经济发展—研究 Ⅳ.① X321.22

中国版本图书馆 CIP 数据核字（2022）第 200741 号

黄河流域生态保护与高质量发展研究

王文保　著

责任编辑	毕　磊	
装帧设计	李文文	
责任印制	孙马飞　马　芝	
出版发行	中国书籍出版社	
地　　址	北京市丰台区三路居路 97 号（邮编：100073）	
电　　话	（010）52257143（总编室）（010）52257140（发行部）	
电子邮箱	eo@chinabp.com.cn	
经　　销	全国新华书店	
印　　刷	天津和萱印刷有限公司	
开　　本	710 毫米 × 1000 毫米　1/16	
字　　数	224 千字	
印　　张	12	
版　　次	2023 年 3 月第 1 版	
印　　次	2023 年 5 月第 2 次印刷	
书　　号	ISBN 978-7-5068-9221-6	
定　　价	72.00 元	

前　言

黄河，是中华文明最主要的发源地，是我国的第二大河，发源于青藏高原巴颜喀拉山北麓海拔 4500m 的约古宗列盆地，流经青海、四川、甘肃、宁夏、内蒙古、山西、陕西、河南、山东等 9 省（区），在山东省垦利区注入渤海。黄河流域生态保护和高质量发展已上升至重大国家战略层面，是黄河治理史上的一个里程碑，充分体现了根本性、全局性和系统性的战略意蕴。生态环境保护是黄河流域高质量发展的首要战略重点和生命底线。黄河流域生态保护和高质量发展战略是我国新时代区域协调发展战略的重大战略之一。黄河流域生态保护与高质量发展进一步创新丰富了中国特色城区经济发展思想。这一战略既是进一步促进区域协调发展的内在需要，也是我国全面建设社会主义现代化国家、实现共同富裕的必然要求，会为我国探索富有地域特色高质量发展的新路子提供有益尝试。本书将围绕黄河流域生态保护与高质量发展展开研究论述。

本书第一章介绍黄河流域概况，从黄河流域自然概况、黄河流域经济概况以及黄河流域整体发展战略与趋势三个方面来介绍；第二章是黄河流域保护与发展概述，主要从四个方面进行阐述，分别是黄河流域生态保护和高质量发展的内涵与思路、黄河流域生态保护和高质量发展政策导向、黄河流域水资源管理新形式以及黄河流域水沙调控体系变化；第三章主要是黄河不同河段变化的动态分析，主要从三个方面进行阐述，分别是黄河上游地区资源动态评价、黄河中游地区水土问题研究以及黄河下游地区生态治理与发展分析；第四章主要介绍黄河流域产业发展状况，主要从三个方面进行阐述，分别是黄河流域农业高质量发展概述、黄河流域旅游业高质量发展分析、黄河流域城市产业绿色发展探究；第五章主要分探析、研究黄河流域保护与发展路径，主要从两个方面进行阐述，分别是黄河流域人地关系的协调与优化、建立黄河流域保护和发展协同战略体系。

　　在撰写本书的过程中，作者得到了许多专家学者的帮助和指导，参考了大量的学术文献，在此对相关作者表示真诚的感谢！本书内容系统全面，论述条理清晰、深入浅出。

　　限于作者水平不足，加之时间仓促，本书难免存在一些疏漏，在此，恳请同行专家和读者朋友批评指正！

作者

2022 年 5 月

目录

第一章 黄河流域概况

黄河发源于青藏高原的巴颜喀拉山，源头是约古宗列盆地的约古宗列曲（即河流），该盆地位于山脉北麓，海拔约 4500m。黄河在我国的所有河流中是第二大河，总共流经 9 省（区），包括青海、四川、甘肃、宁夏、内蒙古、山西、陕西、河南、山东，在山东省东营市垦利区黄河口镇注入渤海，此地为渤海与莱州湾的交汇处，乃是 1855 年黄河决口改道而成。黄河干流总长达 5464km，流域覆盖面达 79.5 万 km²（包括内流区 4.2 万 km²）。本章主要从黄河流域自然概况、黄河流域经济概况以及黄河流域整体发展战略和趋势三个方面来介绍黄河流域概况。

第一节 黄河流域自然概况

一、自然地理条件

（一）地形地貌

黄河流域西起巴颜喀拉山，东入渤海，横向跨度为东经 95°53'~119°05'；北达阴山，南至秦岭，纵向跨度为北纬 32°10'~41°50' 之间，其间穿越白雪皑皑、直穿云霄的青藏高原，流过一望无际、飞沙摇草的内蒙古高原，最终穿过黄土高原和华北平原，总流域共包含四个地貌单元，流域整体地势呈现西高东低的形态，海拔自西向东逐级降低，所以黄河流域的地形也可以用"三级阶梯"来形容：第一级阶梯是流域最西端海拔 3000m 以上的青藏高原，作为黄河发源地的巴颜喀拉山脉位于青藏高原南部，此处也是黄河与长江的分水岭所在。在青藏高原与内蒙古高原的分界处，横贯着祁连山，此为第一阶梯的北部边缘，东部边缘以祁连山东端为最北，南下历经临夏、临潭沿洮河，穿过岷县，最终到达岷山，岷山主峰为其中部地带的阿尼玛卿山，最高点达 6282m，也是黄河流域内地势的最高点，阿尼玛卿山山顶常年白雪覆盖，之后，积石山在流域内出现，此山地势为西北—东南走向，和岷山相连，黄河河道再次受阻，绕道而行，其干道的"S"形大弯道就由此而来；第二级阶梯的东部界线大致可以判定为海拔 1000~2000m 的太行山脉，阶梯内部囊括了多种地形，有地势高耸的鄂尔多斯高原、黄土高原，也有河套平原和汾渭盆地这类较为低洼的地形，地势起伏相当大，黄河流域第二阶梯内也常常因为复杂的地形而出现诸多多变的气候现象、水文特征，此外，这一流域的河道最容易出现泥沙淤积的现象；第三级阶梯的分界线为太行山脉，黄河在这一阶段一直东流，直至渤海，主要地形包括下游地段的冲积平原以及鲁中南一带的山地丘陵，其中，冲积平原的冲积扇顶部处在沁河口一带，海拔在 100m 上下。鲁中南山地丘陵由泰山、鲁山和蒙山组成，一般海拔在 200~500m，丘陵浑圆，河谷宽广，少数山地海拔 1000m 以上。

（二）河流水系及河段概况

1. 上游河段

一般认为黄河上游的划分是自其河源开始，到内蒙古托克托县的河口镇结束。上游河段的干流总长 3472km，流域面积达 42.8 万平方千米，共有 43 条较大的支流汇入上游，支流流域面积超过 1000 平方千米（下同）。黄河径流的流量主要来自龙羊峡以上的河段，其水源主要通过这一河段得到涵养和补充，另外，此处也归属于我国的三江源自然保护区，是其不可缺少的主要组成部分之一。青海省南部的玛多县以上的地区都是黄河的河源段，地势开阔、起伏小，以草原、湖泊和沼泽为主，河段内有许多高海拔（高度均在 4260m 以上）的湖泊，如扎陵湖（蓄水量为 47 亿 m³）、鄂陵湖（蓄水量为 108 亿 m³），这两个湖泊在我国所有的高原淡水湖中总面积最大。黄河主干道从玛多到玛曲区间流过，经过巴颜喀拉山和阿尼玛卿山之间的古盆地和低山丘陵，在这段流域内，河段流量充沛，河谷整体非常开阔，中间经过几处峡谷。黄河在由玛曲流至龙羊峡时，主要经过的地形都是高山峡谷，所以不仅能够积蓄丰富的流量，还会因为较大的落差产生湍急的流速，因此黄河上游的水力资源是最为丰富的。上游段的下河沿从龙羊峡开始，到宁夏境内结束，其间地势川峡连绵，落差集中，也有着充足的水力资源，我国有许多主要的水电基地都建在这一河段。黄河在下河沿的河口镇抵达宁蒙平原，此处河道因地势开阔而显得较为宽广平展，水流舒缓，宁蒙平原分布的黄河河道两岸有许多引黄灌区，总面积相当之广，但沿河平原也会发生洪水和冰凌灾害，具体程度因地势和气候的区别不一而足，其中冰凌灾害以内蒙古三盛公以下河段最甚，此河段是黄河由低纬度向高纬度流动时形成，在每年冬春时分的凌汛期间都会遭受严重的冰塞、冰坝壅水，导致诸如堤防崩塌、河水决堤等危害严重的后果，此外，该河段在流至干旱地区时，河水大量蒸发，又缺少足够的降水作为补充，沿岸取水灌溉无度，随意开挖河道，造成十分严重的侧渗损失，所以黄河在这一河段的水量呈现沿程递减的情况。

2. 中游河段

黄河中游自河口镇开始，到河南郑州桃花峪结束，干流河道总长 1206km，流域面积共覆盖 34.4 万 km^2，有 30 条比较重要的支流汇入中游。中流河段大部分分布于黄土高原地区，每年都会遭遇强集中暴雨，水土流失现象相当严重，可以说中游河段是黄河洪水和泥沙的主要来源河段。

3. 下游河段

黄河下游自桃花峪开始，直至入海口，流域面积达 2.3 万 km^2，主要支流较少，仅有 3 条。黄河下游"悬河"现象十分严重，目前河床高出背河地面的高度可达 4~6m，隆起的河床也成为淮河和海河流域的分水岭。

二、水资源

（一）河川径流

黄河流域河川径流有三个重要特点：水资源匮乏、径流的年内和年际落差大、地区分布不均匀。黄河流域面积非常广，甚至达到全国国土面积的 8.3%，然而年径流量并不大，仅占全国河流流量的 2%；黄河干流及主要支流汛期流量占其全年的 60% 以上，然而非汛期来水甚至不足 40%。根据历史实测记录，黄河曾有过 1922—1932 年、1969—1974 年、1990—2000 年连续枯水段。黄河河川兰州以上的部分年径流量占全河的 61.7%，但其流域面积仅为全河的 28%，这一河段至河口镇区间产流十分有限，河道蒸发情况也很严重，流域面积占全河的 20.6%，年径流量仅占全河的 0.3%。

（二）地表水

黄河流域的地表水大多为重碳酸盐类，地区分布的矿化度差异非常明显，低矿化度、中矿化度、较高矿化度和高矿化度水的面积分别是流域总面积的 10.4%、41.9%、27.4% 和 20.3%，其中低矿化度区域主要为黄河源区、秦岭北麓支流，高矿化度区域主要为兰州以下的清水河、苦水河等支流，中矿化度区域为干流兰州以下河段。

三、泥沙及水沙变化

（一）泥沙

黄河是世界上输沙量最大、含沙量最高的河流。1919—1960 年，因为我国各种工业的发展尚处于起步阶段，生产力水平较低，因此黄河自然环境还未受到人类活动的严重影响，仍然保持着较为天然的状态。当时，根据实际测量数据，三门峡站数年来的平均输沙量达到 16 亿 t，其中粗泥沙（深度大于 0.05mm，以下同）约占总沙量的 21%，其淤积量约为下游河道总淤积量的 50%。

如果仔细分析黄河泥沙的情况，就可以发现如下三项特点：一是黄河河水含沙量高，河道输沙量大。三门峡站多年平均天然含沙量 35kg/m³，实测最大含沙量 911kg/m³（1977 年），均为大江大河之最。河口镇至三门峡河段两岸支流时常有含沙量 1000—1700kg/m³ 的高含沙洪水出现。

二是水与沙的地区性分布差异较大，二者不同源。中游的河口镇至三门峡区间是河道泥沙的主要来源地，其来沙量在全河范围内占比达 89.1%，然而此处水资源匮乏，仅为整条河流提供 28% 的来水量；河口镇以上河段则情况相反，水量十分充沛，来水量在全河中占到 62%，来沙量仅为 8.6%。

三是一年中水沙的分配往往集中在同一时期，年际变化非常明显。从每年的测量数据来看，黄河河道内的泥沙分配非常不均匀，以汛期（为每年的 7 到 10 月）来沙量最大，在全年来沙量中占到了 90%，而且绝大多数都伴随着汛期固定发生的暴雨洪水而来。黄河来沙量呈现出十分显著的年际变化，实测最大沙量（1933 年陕州区站）为 39.1 亿 t，实测最小沙量（2008 年三门峡站）为 1.3 亿 t，年际落差极大，最大年输沙量可达最小年输沙量的 30 倍。根据实际调查测量结果统计，黄河出现了 1922—1932 年连续枯水枯沙段，多年平均输沙量为 10.7 亿 t，相当于多年平均值的 68%，其中 1928 年的输沙量仅为 4.8 亿 t，相当于多年平均值的 30%。

（二）水沙变化

由于降雨因素和人类活动对下垫面的影响，以及经济社会的快速发展、工农业生产和城乡生活用水大幅度增加，河道内水量明显减少，加上水库工程的调蓄作用，使黄河水沙关系发生了以下明显的变化。

一是来水来沙量明显减少。1990—2007 年为枯水枯沙系列，偏枯程度与历史上 1922—1932 年 11 年的连续枯水段基本相当。现状下垫面条件下，正常降雨年份四站沙量约 12 亿 t。与天然情况相比，近 10 多年来黄河泥沙的颗粒级配没有发生明显的趋势性变化。

二是径流年内分配发生了明显变化。1919—1960 年系列，头道拐、花园口站的实测汛期来水比例分别为 62.1% 和 61.5%。1986 年以来，受到龙羊峡、刘家峡等大型水库的调蓄作用和工农业用水的影响，头道拐、花园口站的汛期来水比例分别下降为 38.2% 和 44.0%。

三是汛期有利于输沙的大流量历时和水量减少。1986 年以前，潼关站多年平均汛期日均流量大于 3000m³/s 的历时、相应水量分别为 29.8d、104.0 亿 m³，1987—2007 年分别减少到 3.4d、10.6 亿 m³，水流的输沙动力大大减弱。

四是水沙关系仍不协调。水沙关系不协调是黄河的基本特性，1986 年以来，虽然来沙量有所减少，但由于黄河水量尤其是汛期水量大量减少，使有利于输沙的大流量历时减少，单位流量含沙量增加，且有利于输沙的大流量历时和水量大幅度减少，但水沙关系仍不协调。

四、河流生态

黄河源区的湿地数量相当多，分布着大量的湖泊和沼泽，由此产生了多种多样的黄河流域高寒生态系统。黄河流域的湿地是其源区十分关键的生态系统环节，总面积达到了源区面积的 8.4%，是生物多样性最为集中的区域，且具有较强的水源涵养能力；黄河上游河道外湖泊湿地多属人工和半人工湿地，依靠农灌退水或引黄河水补给水量，湿地对黄河依赖程度较高；中游湿地主要分布在小北干流、三门峡库区等河段；黄河下游受多沙特点的影响，河道淤积摆动变化大，形成了沿河呈带状分布的河漫滩湿地；黄河河口处于海陆生态交错区，湿地环境拥有相当丰富的自然资源和极高的物种多样性，在我国暖温带地区现有的原生湿地生态系统中总面积最大，生态环境保存得最为完好，此外其还具有重要的生态意义——为亚洲东北内陆和环西太平洋的鸟类迁徙提供重要的"中转站"，以及供鸟类过冬和繁殖的栖息地。

除为鸟类提供生存空间之外，黄河流域还有大量鱼类生存繁衍。20 世纪 80 年代，我国曾就黄河水域鱼类分布进行过专项考察，共统计 191 种（含亚种）鱼类，其中共有国家级保护鱼类及濒危鱼类 6 种，河道干流鱼类共 125 种，这当中以黄河上游源区的鱼类种类最为独特，此处生息繁衍着诸如拟鲇高原鳅、花斑裸鲤等黄河特有的本土鱼类，均为高原冷水鱼；黄河中下游的鱼类则大多数是较为常见的鲤科鱼类，分布也十分广泛，此外，下游河口一带水域的鱼类数量乃至总量是最多的，而在这当中占比最高的类别又是洄游性鱼类，代表性鱼类主要有刀鲚鲻鱼等。

五、土地及矿产资源

（一）土地资源

黄河流域的总占地面积（包括内流区）为 11.9 亿亩，在总国土面积中占到 8.3%，黄河流域的主题地形为山区和丘陵，其中山区总面积占流域面积的 40%，丘陵则占 35%，平原区占地面积比例仅为 17%。黄河流域的不同地段有着不同的地貌形态、气候状况和土壤条件，这些差异直接导致了土地使用类型的多样化和细致区分，不同地区的居民因自然条件的不同而采取各有区别的方式来进行耕作。黄河流域目前开垦的耕地总面积达 2.44 亿亩，农村地区人均耕地占有面积为 3.5 亩，为全国范围内农村人均耕地的 1.4 倍。流域内的相当一部分地区具备丰富的光热资源，拥有相当可观的生产发展潜力。黄河流域目前总共拥有 1.53 亿亩林地，4.19 亿亩牧草地，其中上中游是牧草地的主要分布地区，中下游是林地的主要分布地区，可以说，黄河流域同样具有非常可观的林牧业发展前景。

（二）矿产资源

黄河流域蕴藏着十分丰富的矿产资源，仅目前已确定的矿产就达到了 114 种，黄河流域的矿产在全国范围内已经查明的 45 种主要矿产中占到了 37 种。

如果要探寻黄河流域的主要成矿条件，则可以联系很多不同的因素，这些矿产资源不仅产地集中，而且整体分布地域也较为广泛，有利于人们充分地开发利用。

黄河流域蕴藏着大量有色金属矿产，这些金属矿产的成分比较复杂，并且当中有许多有益成分与之共生、伴生，拥有着不可小觑的潜在综合开发利用价值。此外，能源资源在黄河流域内的分布和储藏也极其丰富，尤其是黄河中下游地段，在全国的煤炭出产和储备中占有非常重要的地位，石油和天然气资源也相当丰富。黄河流域储量超过 100 亿吨的煤田在全国已明确的 26 个煤田中占到 12 个，如内蒙古鄂尔多斯、山西省的晋中和晋东、陕西陕北、宁夏宁东、河南豫西、甘肃陇东等能源基地。

六、洪水

根据具体成因，黄河洪水类型主要可以分为暴雨洪水和冰凌洪水两种。暴雨洪水多发于每年的 6—10 月，其主要来源为上游和中游的河流量，上游洪水的主要来源地为兰州以上河段，中游洪水类型多为暴雨洪水，主要来源为河口镇至龙门区间、龙门至三峡区间和三门峡至花园口区间（分别简称河龙间、龙三间和三花间，下同）。冰凌洪水多发于每年的 2 月至 3 月，多发地主要集中于宁蒙河段以及黄河下游的部分区域。

（一）暴雨洪水

黄河暴雨洪水的开始日期一般是南早北迟，东早西迟。由于流域面积广阔，形成暴雨的天气条件有所不同，上、中、下游的大暴雨与特大暴雨多不同时发生。每年的 7、9 月份，黄河上游会经常出现强连阴雨天气，但是需要特别指出的是，8 月并不属于阴雨时期，期间阴雨天气的产生频率比较低。黄河上游地区的主要降雨特点是降雨面积广、降雨时间长，但降雨整体强度不大，降雨的中心地带一般集中在积石山东坡地区，根据相关资料记载，1981 年 8 月中旬至 9 月上旬，黄河上游河段曾有连续接近一个月的降雨，总量达 150mm，雨区覆盖面积达 11.6 万 km²，降雨中心久治站 8 月 13 日至 9 月 13 日共降雨 634mm。黄河上游的洪水会受到其所在河段地区降雨特点和下垫面汇流条件的影响，洪期往往比较长、洪峰偏低、洪量较大，根据相关统计，兰州站一次洪水平均历时大约在 40 天左右，最短为 22 天，最长为 66 天，较大洪水的洪峰流量一般为 4000~6000m³/s。因为黄河上中游的大洪水彼此之间往往不会融合，所以也不会对黄河下游河段造成过于严重的洪水威胁，但是上游的大洪水有一定概率和中游的小洪水汇聚，在花园口断面形成较为严重的洪水，其洪期较长、洪峰流量往往不会大于 8000m³/s，水中的泥沙含量也比较小。

黄河中游多暴雨天气，降雨强度大而历时短，洪水具体情况主要特征为洪期短、洪峰高、起伏剧烈等。河龙间暴雨多发生在 8 月，其特点是暴雨强度大、历时短，雨区面积在 4 万 km² 以下，龙三间暴雨也多发生在 8 月，其泾河上中游的暴雨特点与河龙间相近，渭河及北洛河暴雨强度略小，历时一般 2~3 天，其中下游也经常出现一些连阴雨天气，降雨持续时间一般可达 5~10 天或更长；三花间一带在 7、8 两月多有暴雨天气，期间 7 月中旬至 8 月中旬为特大暴雨天气的高发时期，发生次数频繁，强度也较大，雨区面积可达 2 万 ~3 万 km²，历时一般 2~3 天，如 1982 年 8 月三花间发生大暴雨，暴雨中心区石岊站最大 24 小时雨量达 734.3mm。

河龙间洪水和龙三间洪水往往有汇集的风险，三门峡断面处洪量惊人的洪水过程也由此而来。如 1933 年 8 月上旬，暴雨区同时笼罩泾、洛、渭河和河龙间的无定河、延河、三川河流域，面积达 10 万 km² 以上，形成 1919 年陕州区有实测资料以来的最大洪水。一般来说，黄河的"上大洪水"和"下大洪水"并不会汇集，但龙门到三门峡区间和三花间的较大洪水有汇集的风险，花园口断面的较大洪水就是由此而来的。

黄河中游河段的流量是其下游洪水的主要来源，中游河段状况的失调是下游洪涝灾害的主要成因之一。因为上游地带有着源远流长的洪水源头，而且河道本身具有一定的调蓄作用，宁夏、内蒙古灌区用水量又非常大，所以在中游形成的流量会在抵达黄河下游后成为洪水形成的基流，历史上黄河洪涝灾害的主要受灾区之一——花园口站大于 8000m³/s 的洪水主要来源都是中游来水，河口镇以上相应来水流量一般为 2000~3000m³/s。在黄河下游河段，干流内的大洪水并不会同大汶河的大洪水相汇，但如果大汶河的洪水量级稍低，如中等洪水，则两河的洪水就有汇聚风险；同理，黄河干流的中等洪水也可能同大汶河的大洪水汇集在一起。

虽然黄河的通常洪汛量级并不大，但其发生频次十分之高，期间河水的含沙量惊人，对水库运用和河道冲淤的影响较大，若中常洪水量级变小，则河道的造床流量也相应减小，河道主槽将发生萎缩，同时水库控制中常洪水的运用方式应做相应调整。天然情况下，黄河干流潼关站五年一遇洪水的洪峰流量约为 10300m³/s。由于水土保持工程、水资源开发利用、水库调蓄等作用的影响，1986 年以来，4000~10000m³/s 中常洪水的发生频次，由人类活动影响前的 2.8 次/年，减少为现状下垫面条件下的 1.9 次/年，其中 4000~6000m³/s 量级洪水减少的次数约占 56%。潼关站五年一遇洪水洪峰流量约为 8730m³/s，与天然情况比较，其量级减少了约 15%。

（二）冰凌洪水

冰凌洪水主要发生在上游的宁蒙河段，特别是内蒙古三盛公之后的河段，以及地处黄河最下游的山东河段。因为这两个河段的河水流向都是由低纬度地区向高纬度地区流动，在严冬季节，易形成冰凌洪水灾害。在封河和稳封阶段，冰塞壅水造成槽蓄水量增加，河道水位急剧升高，可能导致河水漫溢、堤防决口；在开河阶段，由于槽蓄水量沿程释放，形成冰凌洪水，同时由于上游段开河时下游段还未达到自然开河条件，冰盖以下的过流能力不足，容易形成冰塞、冰坝，导致河道水位急剧上涨，威胁堤防安全，甚至造成堤防决口。

对于宁蒙河段，在刘家峡水库建库前，年最大槽蓄水增量的多年均值为6.32 亿 m³，最多达 9.48 亿 m³。1986 年以来，河道主槽淤积严重，造成河道宽浅散乱形态恶化，并导致封冻后河道冰下过流能力急剧减小，槽蓄水增量大幅度增加，年最大槽蓄水增量的多年均值约 11 亿 m³，1999—2000 年度凌汛期最大达到 18.98 亿 m³，2007—2008 年度凌汛期为 18 亿 m³，内蒙古河段发生了 6 次凌汛决口，防凌形势日趋严峻。

对于黄河下游，在小浪底水库建成以前，山东河段槽蓄水增量最大曾达到8.85 亿 m³，小浪底建成后凌汛问题基本解除，槽蓄水增量很小。

冰凌洪水发生在河道解冻开河期间，宁蒙河段解冻开河一般在 3 月中下旬，少数年份在 4 月上旬；黄河下游解冻开河一般在 2 月上中旬，少数年份在 3 月上旬。冰凌洪水凌峰流量一般为 1000—2000m³/s，实测最大值不超过 4000m³/s。头道拐洪水总量一般为 5 亿 ~8 亿 m³，下游一般为 6 亿 ~10 亿 m³。

冰凌洪水的主要特点有二：一是流量与水位的落差，虽然凌峰流量并不大，但最高水位相当之高。这是因为河道中堵塞的大量冰凌加大了水流阻力，河水流速明显减缓，尤其是卡冰结坝壅水，大大抬高了河道水位，在流量等同的情况下，冰凌洪水时期的水位明显高于无冰期，甚至比伏汛期往年的最高洪水位还要高。二是河道槽的蓄水量呈现逐渐排除趋势，凌峰流量沿河流路程逐步递增。

第二节　黄河流域经济概况

一、黄河流域经济史略

（一）自然生态恶化导致农业经济衰退

远古时期，黄河流域广泛分布着森林和草地，地面水和地下水都相当丰富。黄土高原和下游的黄河冲积平原，覆盖着厚厚的黄土，具有较好的成土母质。黄土表层的结构团粒相当细小，土壤组织稀松而有序。此外，因为森林植被的覆盖状况和生长情况都非常理想，所以土地表层腐殖质的总量不断增加，黄土由此获得了比较优质的肥力。在地理环境对人类社会起着第一位的决定作用时期，黄河流域的开发历史和人文历史非常悠久，可以说是中原地区的人类最先开发利用，并在相当长的历史时期内处于发展的领先阶段的区域。但也正因如此，越来越多的人口涌入了黄河流域，人类社会的生产和生活活动日益复杂化，开始导致地理环境的恶化。

秦与西汉时期，大量迁入到边郡。社会人口随着经济的发展不断增加，并大面积开垦黄河中游地区原有的草原，甚至破坏了一部分森林植被。此外，秦与西汉俱为构建庞大的都城而在关中一带大量砍伐森林，索求木材，对原始森林植被造成的破坏难以估量。受到这些因素的影响，黄土高原从古时起就一直受到严重的侵蚀作用，使当地黄河河水的泥沙含量飙升，西汉时即有关于黄河淤沙情况之严重的记载，云"河水重浊，号为一石水而六斗泥"，而"黄河"这一称呼也源于此时。黄河泥沙淤积在河道中，河床抬高，使下游很长河段上升为"河水高于平地"的悬河。魏晋南北朝时期，特别是十六国时各游牧民族政权控制北方，草原牧区向内地推进，使黄河中游的植被得到很大程度的恢复，较为有效地遏制了黄土高原的冲刷和侵蚀，使黄河泥沙量减少。但到隋唐后，黄河中下游地区的垦区一直处在发展上升时期。隋唐时期，国都长安人口百万，为增加粮食生产，只好毁山林辟粮田，大面积的森林和草原转换成耕地。加之隋唐都大规模营建长安和洛阳，大量砍伐森林以取巨木。其次是以木材为燃料的能源消费方式，对森林的危害也很严重，由此令黄河中游流域范围内的广大森林都受到严重破坏，损害面西达陇山、岐山，东到吕梁山，北起横山，南至豫西山地。以后各朝代对黄河中下游地区生态环境的破坏一代比一代严重，从而改变了整个区域的自然生态面貌。大范围的森林植被遭到破坏，生态平衡的自我调节功能衰减，使空气湿度明显减退，对局部地区的水分循环造成不利影响，削减潜在的成雨因素，让黄河流域的气候不断朝干旱少雨的条件演变；在此前提之下，黄土高原地形因为缺少植被的保护，会受到地表径流越发严重的冲蚀侵袭，加速水土流失的速度；河水将裹挟越来越多的泥沙，并在河道下游持续淤积，河床迅速抬高，使黄河决溢加频，危害程度加深。

（二）战争频发冲击经济发展

黄河流域自古是战争频发的地区。如魏晋南北朝时期的 400 年，是中国历史上大动荡、大分裂的时期。长期战乱，而黄河中游地的社会经济形态一直以来都以封建小农经济为主，一旦受到外来的游牧文明的入侵，经济发展就会遭受重大打击，造成社会的剧烈衰退。战争造成的最为严重破坏，莫过于对城镇的毁灭。如安史之乱以后的长安就是如此。唐王朝在长安建都 289 年，安史之乱之前，长安已达百万人口，经济文化高度发达，成为世界上最繁华的大都市。安史之乱中叛军所至毁城灭族，使长安遭到毁灭性的打击。此后，又有吐蕃攻入长安进行破坏以及藩镇军阀混战，使长安化为一片废墟，成为历史的陈迹。城镇的消失，使该区域内经济失去了支点，政治、文化失去了中心，贸易失去了联结的基础，是对生产力发展的反劫，南宋之后，频繁的战乱使得黄河流域经济衰落下去。

历史资料表明，安定、战乱与经济的兴衰在黄河流域呈明显的正相关联系。北宋以前，黄河虽有洪水泛滥、改道，但基本上是稳定的，大体都是注入渤海；南宋以后则改道频繁，南流夺淮长达 700 年之久。与此相关，自然灾害的频率也呈上升趋势。特大旱灾 11 世纪前百年平均 3 次，12 世纪后 8.5 次。长期的战乱，加上自然平衡机制的破坏，使整个黄河流域农业的基本生产条件空前恶化，农业生产长期低迷不振。

（三）地区封闭致使经济萎缩

在古代，黄河中下游地区河网交错，湖泊遍布，水运条件较好。加之历代注重修渠开河、形成了以西安、洛阳、开封为中心，以黄河为骨干的江、淮、河、海庞大的水运网，这一水运网在我国历史上相当长时期内都是经济的命脉。汉唐时期，张骞通西域打开了我国中原地区与西域及欧亚国家之间的贸易通道，一条历经千年的丝绸之路从此出现。交通道路开辟，商品交易的开展，地区分割、封闭局面的打破，大大促进了黄河流域经济的发展。金元以后，黄河长期南泛，河淮之间天然河流，有的淤浅，有的上游缩短，有的完全淤废，导致了水运交通的衰落。且黄河枯水期较长，加之河口"拦门沙"，造成了"有河无航"的封闭状态。到了十五六世纪，由于海上交通和海上对外贸易的发展，丝绸古道也逐渐冷落下来。加上一些王朝战争和边关封闭，商品交换和对外贸易被阻隔，黄河流域经济便萎缩下来。

历史上黄河流域的衰落，除了上述因素，还有诸如政治、经济、文化等因素。然而，生态环境状况的长久失调、交通往来条件的落后和自身环境的持久性封闭，一直以来都对黄河流域经济社会的发展造成着严重的制约和阻碍，这使得黄河流域在近代的发展情况同长江流域及沿海地带拉开了巨大的差距，是造成黄河地带社会发展落后的重要原因之一。

二、黄河流域经济发展条件

（一）影响黄河流域经济发展的不利条件

1. 人口素质较差

由于经济基础薄弱，教育事业长期滞后，广大城乡居民，特别是广大农民的文化程度低于全国平均水平，文盲比重大，观念落后，同社会主义市场经济要求相差较大，不利于发挥优势。从县级以上政府部门属研究开发机构及情报文献机构的人数看，1994 年，黄河流域 8 省区共有 20.49 万人，其中科学家、工程师总数为 86277 人，每万人有 2.9 人。但值得指出的是，黄河流域的这两项指标远低于全国平均水平。

2. 生态环境脆弱

由于历史和自然的原因，黄河流域的中上游地区，大片大片的肥美草原被沙漠所覆盖，成了不毛之地，造成黄河河道大量淤积泥沙，乃至成为全世界含沙量最大的河流，使下游河段成为"悬河"，常有决口情况发生。历史资料统计，黄河在公元前 602 年至公元 1938 年的 2540 年中共决溢 1500 多次，其中大改道 26次，而且有越往后越频繁的趋势。从汉文帝十二年到东汉中叶的 200 多年中，黄河决溢 12 次，而在金、元两代的 200 多年中，河南发生水灾害 230 多次；明、清 500 年中，黄河决溢 300 次，平均三年两次，使下游生产力遭到严重破坏。生态破坏导致自然灾害增多，如在明、清两代，河南发生旱、涝、风、雹等灾害700多次，其中较大旱灾7次，造成赤地千里，颗粒不收，饿殍遍野，饥人相食的恶果。大自然的报复加上战乱的破坏，使得经济重心转移，先由中游地区向下游地区转移，再由黄河流域向长江流域转移。这些正是黄河流域贫困的自然原因和历史原因，这种历史烙印至今制约着黄河流域广大地区生产力的发展，也恶化了投资环境，是投资不足的客观原因。

3. 经济基础薄弱

黄河流域从我国经济发展的全貌来看，仍然属于经济发展相对滞后的地区，尤其是和长江流域、沿海地区等发达地区相比，黄河流域的经济发展明显不够全面，整个流域主体仍然由各个贫困地区构成，特别是中西部，存在着三个梯度差：一是上、中、下游之间的自然资源梯度差。上游地区资源丰富，下游地区相对贫乏，中游介于二者之间；二是下、中、上游之间的经济技术梯度差。总的趋势是东高西低，下游山东地区较发达，中游地区次之，上游地区比较落后，这是最基本、最重要的梯度差；三是流域内经济中心城市与广大农村之间的经济技术梯度差。据对黄河中上游地区7省区37个城市的统计，这些城市的人口、土地面积占流域的22.66%和6.57%，但工业总产值却占45.16%，广大农村自然经济仍占据主导地位。在黄河中上游地区平均亩产162公斤，只为全国平均亩产的69.8%，农村人均收入只相当于全国人均纯收入的70.8%，有些地方农民的温饱问题尚未完全解决。

中华人民共和国建立前，黄河流域基本上没有大工业，沿黄8省区除山东工业基础较好（主要是德、日兴办的企业和少量民族资本）外，其他省份几乎是空白。到1994年，8省区工业产值为15677.87亿元，占全国的20.38%，仍与人口占24.90%、面积32.63%的比重极不相称；8省区工业产值人均为5253.98元，相当于全国人均的81.87%；如不计山东，则人均数为3523元，相当于全国人均的54.90%，约相当于沿海地区的34%。如果不计山东、河南、山西，则西部5省区（包括内蒙古全境）人均为2583.00亿元，仅占全国的3.36%，而面积却为全国的27.63%。工业化程度低，是这一区带经济落后的主要原因和标志。与此相关，交通状况也比长江流域差，特别是西部。8省区铁路1994年总长为17218km，平均万平方千米为 58.84km，相当于全国平均值的 80.48%；内河航运 5381km，平均万平方千米为 18.39km，相当于全国平均值的 17.19%。而且，越往西部交通状况越差，以万平方千米平均拥有的铁路、公路和内航指数为例，甘肃分别为 48.89、753.02、2.67，青海分别为 15.17、229.77、77.9。中国交通在世界范围内本来就落后，黄河流域更是如此，西北地区尤其闭塞。这是此地带发展市场经济的重大制约因素。长江流域虽然也存在着经济发展的不平衡现象，但从比较的角度看，长江流域的这种不平衡要比黄河流域弱化得多。上海、南京、武汉和重庆在历史上都是我国的八大工业基地之一，它们构成了长江流域上、中、下游经济相对平衡的发展格局。

4. 政治因素偏斜

由于前十几年国家政策主要向沿海和长江流域倾斜，对黄河流域开发投资不足，加上基础产业产品价格的不合理，也加大了资金困难、财力匮乏和投资环境不良。沿黄 8 省区财政收入在全国的比重，1952 年为 10.46%，1978 年上升为 15.68%，1989 年又降为 12.38%，1993 年约为 12%。尽管有国家财政补贴，其财政支出在全国的比重也是很小的。1952 年为 5.50%，1978 年为 14.55%，1989 年为 14.78%，1993 年约为 15%。在财政支出中用于发展生产的占 18.14%，而用于文教卫生的费用占 26.06%，行政管理费 11.81%，基本上是吃饭财政，而且入不敷出，除山东、河南、山西外，都有较大赤字，1989 年全部赤字为 88.27 亿元，1993 年 8 省区全部财政赤字近百亿。拿黄河流域 8 省区 1993 年财政状况与长江流域比，财政收入均约为长江流域的一半，支出相当于长江流域平均水平的 2/3。长江流域财政收入约占全国近 1/3，支出占 1/4；而黄河流域收入占 1/10，支出占 1/8。同时，这一区带的企业经济效益比较差，1993 年全部独立核算工业企业每百元资金实现的利税除山东、河南略高外，其余各省区都在全国平均水平以下，其中青海只相当于全国平均水平的 30.40%；而长江流域各省区除江苏等 5 省略低于全国水平外，其余 5 省市均高于全国平均水平，其中云南为 27.21%，相当于全国平均水平的 1.5 倍。很显然，黄河流域经济的发展，如完全靠其自身积累，除东部两三个省份外，其他省区就相当困难，有的甚至难以为继。加之西部投资环境甚差（自然环境恶劣、交通不便等），吸收省外、国外资金也较为困难。这就造成了资金需要量大但来源较少的矛盾。

（二）黄河流域经济发展的有利条件

1. 黄河业已取得有效治理

中国社会主义建设的历史，以铁一般的事实改变着人们的观念，其中黄河的治理便是最有说服力的一例。国内外有很多人把黄河之害视为"不治之症"。然而，事实胜于雄辩，自 1946 年解放区承担起管理协治黄河的使命开始，相关机构就在中国共产党的指导下艰苦奋斗，总计获得国家投资 66 多亿元，并为黄河下游地带建成了一套完整的防洪工程体系，其主要防治理念是"上拦下排，两岸分滞"，将长达 700 公里的悬河用 1300 多公里的大堤牢牢隔断，黄河 50 年伏秋大汛岁岁安澜。这是中国历史上的奇迹。另外，中游黄土高原的水土保持也取得了显著成就。

2. 流域产业带基本形成

经过多年的社会主义建设，已经有一系列产业段在沿黄地区逐步构建，并为其所在省区承担起经济重心的责任。从西往东说，这些产业段大体构成了一个"匙形"的产业圈（带）。地区工业主要集中在"匙形"的边缘和柄部。这种沿河（或沿铁路干线）布局的优点，一是能把流域优势同铁路交通优势结合起来，形成较好的资源组合条件和交通运输环境；二是以分布在"匙形"边缘的中心城市作为区域经济增长的群体，形成向经济稀疏的腹心地带全方位辐射扩散的强大合力。虽然目前黄河流域产业的工业化程度尚不能与沿海和长江流域相比较，但不可否认的是，近年来其经济发展速度已经明显高于全国平均水平。

3. 黄河流域已然开放

我国与 1990 年在连云港和阿拉山口之间建造了联通两地的大铁路线，即有名的陇海—兰新线，又称为新海铁路，它的建立象征着第二座联通太平洋与大西洋两大洋、亚洲与欧洲两大洲的大陆桥在中国落成。新海铁路所属的大陆桥全长达 9700 公里以上，其中位于我国境内的部分长达 4123 公里，在俄罗斯境内约5000 公里，在穿过波兰、荷兰等欧洲国家后抵达鹿特丹——世界第一大海港。第一座亚欧大陆桥以苏联西伯利亚铁路干线和东欧、西欧诸国铁路干线为陆路桥梁，东起符拉迪沃斯托克（海参崴），终点同样位于鹿特丹。和这座大陆桥相比，新大陆桥的总路程缩短了 2000—2500 公里，并且位于其东口的连云港是一座不冻港（海参崴每年 12 月至来年 3 月都处在冰冻中），沿途经过中亚各国，能够对中国、亚洲以至整个世界的经济格局都产生深远而重大的影响。亚欧大陆桥的部分路段贯穿黄河流域，改变了流域内地段原有的交通情况和经济格局，从而为流域内的发展战略创造了新的可能，让原本处于半封闭状态（除沿海地区外）的黄河流域向国际交通要道转型，使之不仅全带贯通，连成一个整体，而且能够东西双向开放，与发达国家和地区连接起来。加上新疆几大产业兴起，更有利于经济大规模开发。此外，与亚欧大陆桥相并行的还有京包—包兰铁路，它由天津经北京、内蒙古西至兰州，对于联络京津、东北有重要的作用，也可以作为第二座大陆桥东段的一条北线，其东门则是天津，是双向开放的又一条途径。

4. 推广先进典型带动发展

需要承认的是，目前黄河流域的大部分地区仍然是欠发达地区，但这也并不意味着这些地带毫无发展优势，它们在大体落后中仍有局部先进的产业和进步的势头，每个省市区，由东至西，都具备一系列的发展先进典型。其中最为典型的示例就是山东省，它对于经济带的全面开发有重大的推动作用。另外，每个省区也都会树立自身的先进示范县。比如山东省就打造了北方第一个亩产吨粮县——桓台县，此外还有通过科学手段"消灭"低产田的禹城市、用贸易手段实现畜牧业新发展的诸城市、专注农业生产持续升级的河南省扶沟县、以科技实现脱贫致富和水土维护的山西吕梁地区、依靠绿色农业取得辉煌发展成果的山西省绛县、以"治沙治河"手法享誉全国的陕西榆林地区、将农副产品深加工作为模范性和带头性龙头产业的河南省民权县、以扶贫成效著称的宁夏西海固地区、正在大规模开发的晋陕蒙三角地带和青海柴达木盆地等等。这些先进典型的经验的推广会带动落后地区经济的发展。

5. 国家区域经济布局得以调整

党的十四届五中全会肯定了构建亚欧大陆桥经济带的设想，提出了调整区域布局和投资政策，缩小东西差别，协调区域发展的方针，这为黄河流域经济的发展提供了前所未有的机遇。随着我国社会主义市场经济体制的逐步建立，市场对资源配置的作用将越来越突出。社会再生产过程中的资本、技术、劳动，不仅总是向经济、社会等区域因素好的地区倾斜，那些自然资源禀赋比率高的地区也将成为生产力配置的优越区位，即是说自然资源丰富的地区在下一轮经济发展过程中将同拥有经济、社会先发优势的地区一样逐步取得优势地位。我国的矿产资源大量分布在黄河流域，我国的工业化必须以开发黄河流域丰富的能源、矿产资源、发展重型基础工业来支撑。这是产业发展中的一个不可逾越的阶段。目前，能源、原材料的短缺严重地制约经济的发展并影响了宏观经济效益。必须在科学宏观的发展计划指导下开发和利用黄河流域的多种资源，才能为加工业提供更加充足的原材料和高效的能源，为未来经济的长远发展和稳定效益创造坚实的发展基础，由此实现比较利益的提升，为我国的发展创造更强的竞争能力。从长远看，这恰好是走持续、稳定、协调发展之路。党的十四届五中全会区域政策的调整，东西互补、缩小差别、区域协调发展方针的制定与实施，将为黄河流域的开发提供极好的机遇，可以说是一个历史的转机。

6.综合能源资源丰富

黄河流域有着种类繁多而又丰富的能源资源。从种类上看，有煤炭、石油、天然气、水力、地热、风能、太阳能、生物能等多种能源资源。从数量上看，煤炭资源储量最大，位居全国第一，油气和水力资源也十分丰富，均名列全国前茅，风能、太阳能、地热等能源取之不尽，用之不竭，综合能源资源位居全国各大流域之首。从分布上看，各种能源均衡互补分布，上游以水力资源为主，兼有油气资源和煤炭资源；中游以煤炭资源为主，兼有水力、油气资源；下游以油气资源为主，兼有煤炭资源。黄河流域极为丰富的能源资源及其均衡互补的分布，为整个流域的开发奠定了良好基础。

综合上述分析，黄河流域的开发具有基础差、潜力大，起步难、后劲足，重产重、轻产轻的特点，制定长期开发战略，一定要从这个实际出发。

三、黄河流域经济发展战略布局和发展趋势

（一）战略布局

当下，国家从发展的实际情况出发，全方位调整了原有的区域经济发展战

略，将产业投资朝较为落后的中西部地区逐渐集中，预计将来黄河流域内的经济发展将会呈现出以下特征和优势：一是上中游地区充分发挥其巨大潜力，产出较为充足的矿产资源，其中以能源资源尤甚，在全国范围内的能源补充和原材料提供发挥极其关键的战略作用，国家若想长期满足经济发展对能源以及原材料的庞大需求，就必须在未来相当长的一段时间内对能源、重化工、有色金属等重工产业给予足够的重视和投入，促进其持续、高速、稳定发展；二是黄河流域拥有肥沃而丰裕的土地资源，每年为我国全国各地提供大量粮食产出，是我国农业生产中的主要耕地分布区域，此外，黄河上中游地区目前尚有 2000 万亩未开垦的宜种植耕作荒地，在全国宜农荒地中占到总面积的 20%，这些荒地只要获得了足够的水资源，就可以发挥出其巨大的生产种植潜力，为我国的粮食安全项目提供有力的保障，作为重点后备区域得到充分利用和发展；三是黄河流域在中华人民共和国成立后，接受了多年精心规划的建设，尤其是改革开放之后，黄河流域逐渐拥有了具有显著地区性特征，并且种类较为全面的工业体系基础。

《中华人民共和国国民经济和社会发展第十二个五年规划纲要》提出了推进新一轮西部大开发，大力促进中部地区崛起，积极支持东部地区率先发展，加大革命老区、民族地区、边疆地区和贫困地区扶持力度等国家区域发展战略的推行力度。黄河流域地跨我国东、中、西部三个经济地带，这些经济地带绝大部分地处我国中西部地区。国家从黄河流域目前的资源存储条件以及周边经济社会发展情况出发，为黄河流域制定了全新的区域经济发展战略，将这一区域未来经济社会发展的重点放在四个方面：一是全方位运作高效能节水型农业模式，打造具规模的农业生产基地，包括黄淮海平原主产区、汾渭平原主产区、河套灌区主产区等在全国范围内占有重要地位的农业生产区，为全国粮食安全项目提供有力保障；对草原防护工程和人工牧草培育基地的构建加大投入力度，将黄河上游河段青藏高原和内蒙古高原作为畜牧业发展的主要基地。二是用科学的手法有节制地开发黄河流域的能源资源和矿产资源，以山西和鄂尔多斯盆地为中心，向周边拓展形成大规模能源化工基地，包括黄河上中游的甘肃陇东、宁夏宁东、内蒙古中西部、山西北中部、陕西陕北、河南豫西等能源重化工基地，加快西北地区石油、天然气资源的开发，优化建设山西、陕西、内蒙古、宁夏、甘肃等煤炭富集地区的煤电基地，并与其他国家重大资源工程——西电东送、西气东输等，以及上中游水电开发项目形成紧密结合，为国家能源安全战略创造保障；内蒙古、陕西、甘肃等地区可以将稀土开发和生产作为重点项目，建设专业化工业基地；山西、河南则大力开发铝土资源，培育相关产业基地。三是促进流域加工工业的长远发展，实现所开发资源的深加工，进一步加深资源综合性开发利用，从根本上提高经济效益，全方位提升流域的综合经济功能，强化独立发展能力，将资源优势向经济优势转化，确保流域内社会经济的高速、稳固、优质发展。四是对青藏高原东缘地区、秦巴山—六盘山区以及其他集中连片的特殊困难地区，继续实施扶持革命老区发展的政策措施，实施扶贫开发攻坚工程，加大以工代赈和易地扶贫搬迁力度。

（二）发展趋势

我国在现阶段已经实现了全面小康社会建设，迎来了社会主义现代化发展的新阶段，在新时代下加快促进社会主义现代化建设。"十七大"对我国今后的经济社会发展提出了新的更高目标，目标提出，要基于产业结构优化、经济效益提高、生产消耗缩减、生态环境的建设过程，至 2020 年实现人均国内生产总值到较 2000 年再翻两番。

我国工业发展已经由工业化初期阶段进入中期阶段，2020 年工业化和城市化将处于"双快速"发展阶段，产业结构不断优化升级。第三产业稳步增长经济总量快速增加，城市化进程快速推进；2021—2030 年，我国将处于快速发展阶段，工业化进程相对稳定，城市化继续较快推进，能源和原材料工业的比重不断下降，高加工度制造业比重不断上升，经济继续保持较快增长水平。

经济社会的持续快速发展决定了在未来一定时期内黄河流域水资源需求必然持续增长，使资源性缺水的黄河流域面临更大的供水压力。按照相关专家的初步估算，即使基于全面深化节水政策、加强节水措施的前提，到 2030 年，黄河流域的总缺水量仍会达到 138.4 亿 m³。基于这一推测，我们必须采取更加高效、更加有力的方案来解决黄河流域水资源短缺的问题，否则不管是流域自身还是周边地区，以及所有与黄河流域产业有所关联的地区经济社会的持续发展都会受到持久的影响，影响全面建成小康社会目标的实现，保障粮食安全和河流生态系统安全将更加困难。同时，随着工业、生活用水的大幅度增长，废污水排放也将大量增加，从而对水污染防治提出更高的要求。

要进一步推动黄河流域地区经济社会的持续高质量发展，首先应当满足本地区以及其周边较近地区保障小康社会生产生活和保障国家粮食安全、能源安全的需要，再有一点就是劳作方式需要符合黄河流域目前的水资源条件，不能超出黄河固有的环境承载能力，这就要求相关部门建立起适应水资源状况的经济结构体系，同自然环境的负荷能力相协调，进一步推动流域内产业结构的优化，尽可能减少高耗水行业数量，限制其发展规模，通过上述手段来逐渐实现黄河流域节水型社会的构建，推动黄河流域以及周边临近地区经济社会的可持续发展、水资源的可持续利用、生态环境的良性维持。

第三节　黄河流域整体发展战略与趋势

一、黄河流域整体发展的战略演进

（一）1949 年之前的黄河治理简史

我国自古以来就有"黄河宁，天下平"的俗语。黄河治理是中国历朝历代统治者都给予高度重视的问题之一，主要目的一方面在于维护政权的稳固，另一方面则在于推动统治区域内的生产力发展。上古时期便有家喻户晓的"大禹治水"传说，东汉王景则通过修高堤坝、修整分洪道的方式来治理黄河；元代的贾鲁采用的是疏、塞并举，疏南道、塞北道，使黄河改流经南故道的治理思路；至清代，靳辅与陈潢大体沿袭明代潘季驯巩固堤坝、缩窄河道、加快水速以冲走河沙、修筑分洪区的方法，统一了浚淤和筑堤、提出减少下行泥沙。从这段历史中我们可以看出，中国古代的人民一直在采取各种各样治理黄河的策略，运用多种措施来减少黄河水灾带来的损失和破坏。但是，毕竟封建社会的生产力水平有限，落后的封建体制大大限制了制度的能动性，并且古代社会人民的自然科学文化水平有限，缺乏环保理念，常常过度开发黄河流域的水资源和自然环境，因此，中国古代黄河流域环境管制及保护的成效一直没能达到十分理想的程度。

近代以来，人们对黄河治理的重视程度依然不减，孙中山先生在20世纪初对中国未来发展的蓝图进行规划，颁布《建国大纲》时，就曾经在黄河治理问题上提出了"引江济河"的构想。所谓的"引江济河"，指的是将一定的长江水资源调入黄河，作为流量补充，将黄河河道河床中淤积的泥沙冲走，缓解河道压力。但是，中国饱受外忧内患侵扰，国力衰微，始终没有能够完成这一历史性构想。1938年5月下旬至6月初，在占领徐州后，日军沿陇海路西下入侵，准备占领郑州，进而攻入武汉。国民党政府为了阻止日军前进，于6月9日下令炸开郑州东北花园口黄河大堤。虽然此举确实打乱了日军的作战计划，并为武汉保卫战争取了一定的时间，但决堤的黄河淹没了河南、皖北、苏北40余县的大片土地，为两岸不计其数的人民带来了深重的灾难，这就是有名的"花园口惨案"。有80至90万人在此事件中直接溺亡或饿毙，更有成千上万人口流离失所，沦为灾民。据档案记载："11日，黄水猛涨，赵口口门出水；次日，中牟三刘寨、油坊头、七里店、王庄、关家、六堡、闹市口等村全部被洪水淹没；13日，花园口与赵口两处黄水在中牟西北部的茶庵汇合，分成三股南下，泛滥区域东西已达15公里宽。西股主流黄水至中牟入贾鲁河，南泛尉氏、扶沟、西华等县……"此外，豫皖苏一带在决堤事件之后连年灾荒不断，成为民不聊生的"黄泛区"。

中华人民共和国成立后，治理与管控黄河河道、恢复和带动黄河流域发展的千古重担便落到了中国共产党的肩膀上。其实，早在1946年2月，中国共产党晋冀鲁豫边区政府就成立了专门的水利部门，即冀鲁豫解放区治河委员会，后改称冀鲁豫黄河水利委员会，是如今水利部黄河水利委员会的前身。冀鲁豫解放区治河委员会是第一个由中国共产党领导的人民治理黄河机构，象征着人民治黄从此翻开了新的篇章。

（二）1949年以来黄河流域整体发展的实践进程

1. 流域洪涝灾害综合治理阶段（1949年至20世纪90年代之前）

这一时期，黄河治理的重点主要从黄河水患问题的严重性和紧迫性出发，将工作重点集中在治水防灾、恢复和稳定生产上。中华人民共和国成立后的第一次全国水利会议举办于1949年11月，当时，会议最终总结并提出的基本治理方针是："防止水患，兴修水利，以达到大量发展生产的目的。"在1950年，黄河水利委员会认真考虑了黄河下游的自然环境特点和防汛防洪工程的落实状况，出台了一系列以"宽河固堤"为核心的抗灾治水政策。至20世纪80年代，黄河中游水土保持委员会得到重建，推行"以小流域为单元，综合治理"的治理观念。

2. 环境污染及水土流失治理阶段（20世纪90年代至党的十八大之前）

我国的工业化进程不断推进，但由此造成的黄河流域工业污染和自然生态系统的破坏也愈演愈烈，有关专家由此提出了"维护黄河健康生命"的治黄理念，单独提出了流域污染防治工作这一概念，并且不局限于工业领域，而是向全流域治理和城市污染综合管理转变，此外还要重点解决流域内（特别是黄土高原一带）的水土流问题。

3. 流域生态文明整体推进阶段（党的十八大至今）

党的十八大以来，国家在生态文明建设的整体布局视角纵览全局，出台了"节水优先、空间平衡、系统治理、两手发力"的综合性治水方针，就黄河流域环境保护、绿色治理可持续开发的总体要求不断提出深化性建议。这一阶段要牢牢把握黄河流域的自然生态保护和高质量可持续发展，着力解决污染治理、生态还原、水资源合理利用、沿黄城市群协调合作发展、现代产业整体系统构建、黄河文化的继承和发扬等一系列重大问题。

二、黄河流域整体发展的战略意蕴

（一）事关中华民族伟大复兴

实现中华民族伟大复兴中国梦，昭示着国家富强、民族振兴、人民幸福的美好前景，是全体中国人民的共同理想追求。历史和现实一再证明，生态兴则文明兴，生态衰则文明衰。

黄河作为中华民族的母亲河，源远流长、博大精深、灿烂荣誉的中华文明就来自她的哺育。"黄河宁则天下平"，黄河的荣辱兴衰关乎着国家与民族的命运走向。可以说，我们中华民族的治国史就浓缩在千百年来治理黄河的历史当中，黄河流域的振兴与中华民族的伟大复兴密不可分。

（二）事关我国经济社会发展与生态安全

黄河流域治理是我国构建完整的系统性自然生态屏障的重要环节。黄河流域在我国自然环境固有的生态屏障中发挥着无可取代的作用。就目前的普遍情况而言，黄河为华北、西北等较为干旱的地区提供了大量水资源，是十分重要的水源地。另外，黄河总流域跨度极广，西起青海省巴颜喀拉山，上游流经青海和甘肃省，中游穿过陕西和山西省，下游达到河南和山东省，在山东东营注入渤海，贯通我国西部内陆和东部沿海地区，连接着西北、华北和渤海，为我国北部的一连串"生态高地"——三江源、祁连山、汾渭平原、华北平原提供了天然的水上生态廊道，可以说，黄河承担着极其重要的水资源和生态调节功能。不过，历史上黄河的水灾之频繁和治理之艰难也尽人皆知，受到各种自然因素和人为因素（如水土流失、土地风化、泥沙淤沉、过度开发）的影响，流域内的生态环境十分脆弱，沿岸居民往往每年都面临着一定的洪水危机；另外，水资源的开发利用形势也不容乐观，流域内许多工厂尚未实现真正的高质量发展，这些对于黄河流域的治理来说都是亟待解决的首要问题。不过，在此之前，我们必须先分析上述问题的根本症结之所在，黄河流域所存在的缺陷是其所处环境拥有的先天不足的自然因素和流域内居民千百年来粗犷作息的人为因素共同作用之下的负面产物，虽然表面上看是黄河无常泛滥，但本质原因还是在于流域的整体大环境。所以，必须在黄河流域内打造坚实稳固的生态屏障，这不仅可以防治目前严重的水土流失问题，提高水源涵养的质量，还可以为黄河流域的自然生态系统安全提供更加有力的保障，从而促进沿岸地带工业生产的高质量发展；另外，黄河流域自然环境的改善能够为整个流域的人民创造更加优越的生活环境，如洁净的空气、肥沃的土壤、卫生的水源、温和的气候等一系列最基本的正向生存条件。

我国经济要想真正实现高质量发展，就必须解决黄河这一主要河流流域内的自然生态保护和可持续发展问题。兴国之要在于始终以经济建设为中心，实现社会主义现代化强国的必然选择在于遵守客观的经济规律，促进经济发展模式向高质量发展转型。黄河流域的农业生产与工业生产对于我国的粮食供应和能源产出来说意义重大，沿岸有许多重要的粮食生产核心区，分布着一系列向全国各地输送能源的主要集中区，还有很多出产化工物品及原材料等的基础工业基地，由此可见黄河流域在全国范围内的经济社会进步和生态文明构建格局中所发挥着无法取代的作用和占有着至关重要的战略地位。但是，纵观今天，全球气候持续变暖，人类的活动范围不断扩张，对环境造成的影响已经渗透到自然界的方方面面。受到过度开发的严重影响，水资源的短缺、污染和不合理开发利用等问题在黄河流域时有出现，黄河上中游七省区的经济社会明显未能得到全面、充分、快速的发展，黄河流域与长江流域之间的不平衡发展越发明显。所以，如果要真正完成黄河流域经济的高质量发展，实现由单纯的"量"的积累向"质"的提升这一本质性改变，就必须从流域生态保护入手，大力推进可持续性发展和绿色经济。

（三）坚持问题和目标导向的科学抉择

目前，黄河流域的环境保护和流域及周边地区的持续高质量发展已经成为国家战略层面的重大问题之一，这是中国共产党结合千百年来黄河治理的经验教训、中国的现实国情和当下的时代发展需求做出的有效维护黄河流域生态环境、推动经济可持续发展的科学抉择，是实现从被动调整转为主动改造的黄河治理这一历史性转折的必然要求。这一决策的出台必然会为未来黄河流域的持久发展产生深远的时代性影响。

其一，"生态保护"和"高质量发展"在本质上和目标上是一致的。从本质上讲，理想的自然生态环境不仅是人类生产力的重要来源之一，也是高质量可持续发展所追求的一项目标。高质量发展必然对环境保护提出新的更高要求，任何形式的发展都要将生态保护作为主要前提，如果发展会破坏生态系统的稳定、影响到对自然环境的保护，那就无法成为真正意义上的高质量发展。从目标上讲，高质量发展就是要牺牲尽可能少的资源能量，实现经济发展，这一理念的主要目的在于实现人民对美好生活的追求，包括对优美生态环境的需要；而生态保护的目的在于提供更多更优质的生态产品，既能满足民众的需要，又能为经济社会的可持续发展打下基础。

其二，高质量发展是解决生态环境问题的治本之策。黄河流域之所以存在水资源供需矛盾日益加剧、生态环境退化、经济社会发展滞后等问题，其根本原因在于人们没有弄清楚水环境、水资源、水生态同我国经济社会发展之间存在的联系，也没有理解水生态系统和其他种类的生态系统存在的联系，致使之前的水资源开发利用、生态环境保护策略存在短期性和局域性。而高质量发展则要着眼"千秋大计"，保持战略定力，采用长远思维，对于黄河流域生态环境保护和河道治理的联系性、完整性和合作性给予更多重视，持续开展一系列的改造型工程方案和生物方案，在黄河上游地区确保"中华水塔"的稳固；在中游地段大力治理水土污染，多植草种树、防治水土流失；在下游地区大力推动发展、通过生态友好环境建设打造防洪防涝、有序生产的整体格局。这种整体发展格局必然能够极大地缓解生态环境压力，有利于自然生态休养生息，有利于从根本上解决环境问题。

其三，实现高质量发展必须以生态保护作为基本手段。水资源不合理的利用方式、底下的农业用水效率、落后封闭的传统产业模式和迟缓的升级转型过程、内在驱动力的缺乏等问题都是黄河流域在居民生活、工业生产和农业生产三个方面遭受较为严重污染的重要原因，究其本质，源头仍在于传统的单纯重视经济建设而忽视环境影响的发展思想。应当让广大群众充分认识到良好的生态环境对促进生产力发展有着无可取代的促进作用、生态维护和环境建设已经成为新的国民经济增长点等。黄河流域的治理工程归根到底在于保护措施。必须始终认真执行山川、林地、田地、河湖、草地等不同地形的综合治理、有序治理和根源治理治理，共同抓好大保护，协同推进大治理不是就生态论生态，而是在于抓发展方式转变、抓区域经济布局和产业结构调整、抓新旧动能转换、推动高质量发展。

要想长久维护和恢复黄河流域内自然环境的生态状况、保障流域经济和环境同时高质量发展，就必须有足够的耐心，付出持久稳定的努力，以具有足够约束力和执行力的法律法规确保治理工作的长期开展。总之，完整的黄河流域治理工程绝非一日之功。相关人员都应当本着顺应自然规律、把握经济发展和社会诉求的原则，在流域治理工作中充分彰显我国社会主义制度"集中力量办大事"的优越性，稳定遵循"一盘棋"的指挥性战略导向，同时还要对治理防护工程的内在条理性、完整性和合作性有充足的认识和尊重，在作为持久战的黄河流域治理工程中维持足够的信心和耐心，稳固战略定力，自觉担负起造福后人的历史担当，具备将个人得失置之度外的崇高精神境界，对未来的发展前景和历史成就怀有充分的认可。总而言之，在黄河流域的治理这一宏观问题上，既要有功在千秋的觉悟，又要脚踏实地，通过实干开拓新的天地。

三、黄河流域整体发展的趋势

（一）绿色发展

1. "五水同治"

作为具有最基础性战略地位的经济资源和无法取代的自然资源，水资源在黄河流域生态保护和高质量发展过程中必须处于首位，并得到精心规划。习近平总书记在提出要重点保护黄河流域生态环境和可持续经济发展模式时提出了"以水而定、量水而行"这一关键性举措。要想基于可持续发展和环境友好的理念来开展落实黄河流域内的发展布局战略，就必须首先在水资源的开发、利用和节约上入手，努力解决水环境改善、水资源保护、水灾害处理、水生态修复、水监管工程等领域的现有问题及预防未来可能出现的问题。

第一点，珍惜和维护水资源。在城市经济的建设过程始终给予水资源最为严格的刚性约束，让黄河流域内的水资源得到完备的保护和科学的利用。具体要求有四点：确保黄河流域居民用水的卫生可靠、充实并调整"九九"水量调度方案和"八七"分水方案、凭借时代科技手段推进节水技术研发、促进黄河流域用水权责划分任务尽快落实。在保护用水安全方面，相关部门应重视对水源地特别是乡镇居民日常用水源地的防护看管；在完善现有的水量调度和分水方案方面，应平稳开展大中型水库、跨流域调水工程等水利枢纽建设，保障黄河流域内科学合理的水资源分配；在开发节水新技术方面，在黄河流域（特别是农耕地区）推广"集约型"用水方式，改变和缩减原有的"粗放型"用水，构建节水型社会；在划分用水权责方面，应尽快构建并完善涵盖整个黄河流域的水权交易平台，以实践结论为基础，设计上下游、地区间的用水补偿制度，保障高效合理的水资源流转机制和秩序通畅的调水用水配置。

第二点，恢复和维持水生态。根据上、中、下游的具体环境差异和用水需求，实行有针对性和区别性的政策，保障和推进黄河流域内的水生态状况改善。要落实这项要求，首先应逐渐恢复和提升黄河上游水源的涵养功能，尤其是一些比较重要的水源涵养区，如三江源地区、祁连山地区、甘南黄河上游等核心区域的水源保护。将封山育林、退牧还草、湿地保护等政策落实到位，从实际出发，恢复和保护沿黄生态，强化流域内湿地的水源涵养能力。其次，必须从源头改善乃至解决黄河中游地带的水土流失问题。将小流域作为治理的主体单元，在其中持续开展各种防护性工程，包括但不限于退耕还林还草、防风固沙等，还可以在部分水资源紧张的地区大力推广旱作梯田、淤地坝等节水型农业项目，构建从日常劳作到专业性工程完整的综合性水土流失防治体系。还有一点，必须严格保护黄河下游河流区域内的生态系统，按照"河流—海洋—陆域"的系统保护原则将河流、湿地、滩区生态补水项目和黄河三角洲湿地生态保护工程落实到位，维护黄河下游的生态多样性，并尽可能做到稳中提升。

第三点，优化和维护水环境。首先应当对黄河流域内农区的农业面源污染进行全面治理，严格把控农药和化肥的使用，非必要不适用化学养分，在现有示范区内全方位进行农业面源污染综合治理建设的推广，对养殖场的畜禽污染物排放加大控制力度。其次，要自上而下防控流域内所有工厂的工业污染，尤其要对煤炭、造纸、印刷、有色金属冶炼等企业污染进行严格的防治，不允许沿河地区再出现新建的高污染排放项目，并针对"十小"企业开展有序取缔的举措。调整沿黄河地区的工业园区布局，逐步落实产业结构优化，促使现有的重污染行业进行结构调整和企业生态聚集。再次，要精准把控和严格监督黄河流域城镇居民的生活污水排放情况，完善和优化沿黄城镇垃圾收集、转运以及处理设施的建设，对现有排污体系进行全方位改良，优化管网功能。最后，系统性地治理尾矿库污染，全面推进矿业固废治理项目的落实，做好长期推广无害化回填井下采空区尾矿废渣及垃圾焚烧灰烬工程的准备。

第四点，预判并防控黄河流域水灾。从黄河流域内上下游和干支流的差异出发，在整个流域内完整地建立起行之有效的科学防洪减灾体系，并不断加以完善。推进主要支流重点防洪河段治理，补救和改善目前上中游地区普遍存在的防洪工程短板，尤其是要将更多精力和资源投入河段防洪工程建设中，以解决黄河宁蒙段的新悬河问题。在黄河下游地区的洪水期来临之前及时增强抵御能力，牢牢把控水沙治理过程中的核心问题，对水沙调控体系的细节给予足够的关注，及时疏通和排解下游河道大量堵塞的泥沙，大范围实施河道和滩区综合把控管理，确保河堤始终保持稳固安全状态。大力改善沿黄河城市的内部防洪排涝工程体系，提高城市实用区的排水设施分布数量和密度，尽最大可能提升抗洪排水的能力，将城市的内涝风险降到最低。

第五点，严格控制水监管。加大黄河周边地带水监管目标责任检验判定力度。相关部门在对黄河流域地方政府进行政绩考核时，必须充分考虑水资源保护、水生态恢复、水环境改善和水灾害防治，并将其专门纳入考核体系，完善黄河流域水资源管理责任追究制度，时时刻刻严格执行。建设专业化的黄河流域水资源监管机构组织，比如让水利部发挥带头作用，让黄河水利委员会专门组建具有权威性的黄河流域水务监督管理局，全方位管理监控黄河流域内的水资源、水环境、水生态保护和水域治理工程。推进水行政立法的完善和补充，尽可能确保相关律法的严谨性和可行性，强化执法力度。从黄河流域分布的省市和区域的经济、政治、人文、交通等情况出发，颁布能够同时体现律法科学性和本地特色的黄河保护与管控法律法规，重视执法队伍的建设，多方位提升黄河流域内的水行政执法力度。

2. 加快建设生态文明示范区

在我国当下提出的"五位一体"现代化建设总体布局中，生态文明建设占有十分重要的地位，是一项不可忽视的基本环节。要想实际践行绿色发展的理念，就必须在黄河流域大力建设生态文明示范区，全面提高黄河流域的生态文明程度和水准。

全面发挥主体功能区治理制度的作用。牢牢把持区别开发主体功能区功能的发展理念。遵循区分主体功能提出的要求，在黄河流域内落实和推广一系列科学的生态开发政策，如制约开发、禁止开发、重点开发和优化开发等，并以因地制宜的原则入手，体现政策的侧重点，让开发区域内的工业开发力度不至于过高，保护开放区域的自然生态，将化工污染和环境破坏的程度降到最低，并及时防治恢复；明确规定黄河流域的生态要求和准则，划分合理的城区和农业用地界线，在生态空间内加大落实流域自然生态保护的力度。规范化、系统化地推出负面清单把控的相关要求。确定黄河及其沿岸环境承载力所能接受的污染物最大总量，及时出台重点生态功能区的准入产业负面清单，并长期持续增强黄河流域内河道以及周边河岸开发利用的限制与禁止事项，重视日常化的监督管理程序。

我国已从多年来的黄河流域治理和生态文明建设中总结出独树一帜的"黄河经验"，并先在之前已经设立的生态文明示范县（或其他划分范围）中进行尝试性应用，将三江源、祁连山、甘南等地区作为开展生态保护试验性前期工作的重点区域，总结归纳流域生态恢复护理和水源保护滋养经验，之后根据试验效果决定具体的推广政策，归纳提炼出一套完整且有着充分实践依据的生态文明建设经验系统。此外，要对黄土高原地区的原生水土维护和管控治理的前期试验性工作给予高度重视，从实践中提炼出有参考价值的防风固沙和水土保持的经验；在黄河下游的滩地地带持续大力开展废物清除、河道疏通和"四乱"整顿工作，慢慢总结出就滩区综合治理整顿而言的最有效措施和规划；对于河口三角洲地区的管理和防护，应着重落实湿地恢复和维护的前期试点工作，尝试寻求黄河三角洲地段治理维护的不同思路。

3. 建立完善的流域生态补偿机制

黄河流域的跨度极广，贯穿我国大陆的东中西部。但是在过去相当长的一段时间内，黄河上中下游沿岸地区的居民都没有在日常劳作中考虑其他地区的生态状况和受影响情况，一切行为都仅考虑本地人的利益，所以，在黄河流域构建科学合理的生态补偿机制刻不容缓，该机制应当做到统筹规划多方利益、尽量实现在上中下游互不损害的前提下利益最大化，维护和恢复黄河流域及其周边的生态环境，构建并持续改良流域内的生态补偿机制，其间主要从立示范、增投入、设模式这三个着力点入手和推进。

重视并促进黄河流域生态补偿的示范区构建和完善。大力开展黄河流域的生态补偿试点示范区试验，在判定结果可行的情况下予以逐步推广，制定不同类型的补偿性资金制度，在示范区有序落实，从深层次因素挖掘和归纳针对性、区分性强的补偿措施。按照实际情况确定生态补偿红线，并在之后的治理过程中严格遵守红线划定，出台并规范与生态保护补偿有关的政策和措施。对黄河流域内现有的各项相关禁止开发区域的生态补偿政策的缺陷和不当之处进行补充修改，还要在详细制定政策期间适当地考虑每个禁止开发区域的特质与自身具体的用途。

健全补充生态补偿的可持续投入体制模板。采用财税共享、市场募集、转移支付等方式拓宽资金补充的渠道，使黄河流域各省区保护流域及完整生态环境的能动性从中得到增强。完善科学的生态补偿资金划分机制以及与生态保护模式和成果相匹配的激励机制，在日常生产中严格管控生态补偿资金使用的监督管理力度，并逐渐拓宽其应用范围。

研究、试验并逐渐普及横向补偿机制，并使其符合市场化的要求。严格遵循"谁受益谁补偿"的基本理念，以中央财政支持为背景，全面落实市场化、多方位的黄河流域横向生态补偿体系，将地方补偿作为体系主体。充分发挥定向合作、财政补偿、产业对接等经济措施的优势，促进黄河流域的获益地区与受创地区、流域上下游之间建立起科学可行的横向补偿机制。

4. 构建绿色低碳循环发展的现代经济体系

实现黄河流域高质量发展，始终遵循绿色发展的指导理念，从经济发展模式的根源上实现我国经济的绿色转型，将资源消耗控制在最小范围内，最大可能减少污染物排放总量，实现绿色生态与低碳循环并重的社会经济发展。要实现上述目标，首先应当在整个黄河流域内大力推广能源消费和工业生产领域的技术革新，构建起切实可行、安全稳定、高效环保、碳排放最少的能源系统，推广并充实绿色节能、清洁能源等新兴产业，由此强化更多顺应可持续发展的经济主体以及经济增长点的建设。再者，应在黄河流域内开办全面节约资源和资源重复利用之类的环保活动，寻求、节约、开发所有使用价值较高的自然资源，鼓励居民采取低碳、节约、有序、绿色的生活方式，使绿色可持续消费观念逐渐成为黄河流域内人民的普遍观念。此外还应不断努力采用绿色信托、绿色债券、绿色保险等全新的绿色金融形式，从而推动黄河流域各地区的金融业为流域内产业经济的绿色化转型提供更为充实的服务。

（二）创新发展

1. 创新空间发展新格局

基于实现主体功能区体系这一本质要求，黄河流域的智力首先应充分遵循各区域之间的比较性优势，以创新战略和创新思想为人们打开新的空间发展、布局思路和前进格局。要做到这一点，首先必须清楚地划分和规范黄河流域战略的空间分布及管辖范围。此处需要强调的是，尽管这一概念在《黄河流域生态保护和高质量发展规划纲要》中被明确地定义为"黄河干支流九省区相关的县级行政区"，但如果从实际操作性的学术研究角度考虑，则这一定义并不具备足够的实践借鉴意义。目前有相当一部分学者的观点是：应当基于自然地理的实际情况来考量行政区归属和划定的完整性及内在联系性，从地级视角出发来规划黄河流域战略的空间布局；再者，要引导黄河流域空间内部形成全新的发展模式和导向，黄河流域可按照其主体功能性定位以及各区域比较优势的不同，谋划构建"两带（陆桥通道绿色发展带和黄河干流生态经济带，前者的核心目标在于推进环境友好型发展转型，后者旨在开展生态保护，确保产业经济适度发展。）、三区（即黄河上游水源涵养区、黄河中游水土保持区和黄河下游防洪保护区，是一种针对生态保护的定位。）、五群（推动流域内五大国家级城市群建设，构建黄河流域的核心增长点。）、多点（增强黄河流域五大城市群同其他外部城市的支撑优势，打造一系列区域性的重点城市。）"的新空间布局战略。

2. 着力提高科技创新水平

相较南方的长江经济带和国内其他经济发达地区而言，黄河流域省份的科技创新大都较为落后，与国内先进水平之间存在一定的差距。所以，要想切实推进黄河流域内全体地域的创新发展，就应当在研发投入领域加大专注力度和扶植强度，对其给予长期稳定的关注，让该流域内原有的国家自主创新示范区充分展示其引领模范作用，比如山东半岛、河南郑洛新、甘肃兰州等地区，构造种类多样的创新型经济平台，完善、补充和推广创新激励政策，吸引高端人才和创新资源的汇集和驻留，促生企业创新发展的新活力、新动力，在黄河流域内以最大的努力建立起更多创新研发平台，为各企业和创业者服务，如国家级实验室、检验检测科技中心、工程技术研究中心等，促使流域内企业的整体创新水平和科技含量提升，在科研工作者彼此之间的交流合作中实现新思想与新技术的发展。

3. 创新驱动产业转型升级

构建和完善环境友好型的技术创新体系，坚持将市场作为行业发展的导向，积极促进各种传统的高能耗、高污染产业实现无污染转型，其中包括冶金、煤炭、建材、石油化工等行业，推进加速产能转换进程，在市场上淘汰劣势技术装备；基于原有的产业基础和技术支持，鼓励各种生产要素向不同的新生开发区和产业园区流通汇集，支持创业的开展，打造一批彰显突出优势的、竞争力优秀的集群和与之相匹配的产业基地；开展创新型产业集群建设。目前，黄河流域内的创新型产业集群中仅有 7 个入选国家科学技术部认定的三批产业集群，而且这 7 个集群基本都分布在地处黄河下游的山东省。黄河上中游地区创新型产业匮乏，亟须相关政策的支持来带动产业转型升级，产生经济发展的新引擎。

（三）协调发展

1. 协同推进生态保护

着力构建合作区域间治理，深入推进各部门内部和彼此之间的协同、合作、联动，具体包括水利、工业、农村农业等，实现部门间流畅的合作效应和各级决策和执行部门之间明确的权责划分规定，在治理构架中规划合理、分配公平、责任明确、合作共赢的黄河治理格局安排；大力开展和推广各区域间协同分工，其中黄河上游地区的主要职责在于优化水源滋养保护功能，中游地区的分工范围大致包括污染防治和水保工程，下游地区治理的主要职责则是防洪防涝以及河流生态治理调整，在这一庞大繁复的治理体系中，上中下游需要彼此照应、紧密配合、协同互助；根据"宜卖则卖、宜包则包、宜分则分、宜稳则稳、宜送则送、宜挂则挂"的"六宜"原则，充分考虑黄河流域内生态环境的独特性和脆弱性，实现产业之间的联通配合，各地区推进协调发展生态农业、生态旅游、绿色工业等，实现产业生态化以及生态产业化的有机融合发展。

2.协同构建综合立体交通体系

重点围绕主要节点城市推进铁路建设的布局和进程，对黄河河道相对落后的通航能力进行相应补充，构建往来畅通无阻、同黄河功能互补的大铁路轨道网；促进推动铺筑大覆盖、高等级的现代化公路网络，特别是在黄河上游的经济欠发达地区重点完善交通建设；统一完备高质量的航空基础设施普及，促进黄河流域内城市的航空运输网点中的全新扩容项目，加强通用航空的实用性和便捷性；安排规划合理的油气电管网，在黄河中下游地区促进开展油、气、电输送和相应的配套存储设施建设。

3.共促城市群协同发展

第一点，推进支持构建黄河流域内"5+2"城市群协调合作的发展新格局。基于五个国家级城市群的设立和推广，推进宁夏回族自治区内沿黄河城市群和山西省两个中部地带性城市群的构建，推动各个城市群彼此之间和其自身内部的合作协调以及一体化发展。第二点，彰显中心城市模范带头的标杆作用，让青岛、济南、郑州、西安、兰州等重点城市充分发挥流域发展中的引领作用，重点开展郑州、西安等作为国家中心城市的全面建设，塑造黄河流域内高质量发展的先进榜样城市。第三点，促进中心城市的布局地区协调改善，激励引领流域内的产业园区朝更具发展前景和环境资源的负载能力更强的区域性中心城区发展，深化加强中心城市对周边的乡镇和农村地区形成的引领服务作用。第四点，打造新型城市。在城市构建和发展的完整过程中充分融合现代生态文明观念，多方位建立"绿色海绵"城市，将现代信息技术——包括物联网、云计算等在城市建设中广泛深入拓展、统筹规划应用，加快提升智慧城市建设，依靠黄河流域内所独有的文化积淀为各个城市打造独树一帜的人文品牌。

4.创新协调发展的体制机制

首先应建设并推广完备细致的共同协商机制，夯实平台交流建设的基础，并基于基础性建设持续推进平台开展项目，促进沿黄河各省和市区之间的协调与合作。其次，必须创新改善区域互动合作机制来激发创业者热情，推动经济高速发展，致力于促进跨区域的行业协会、联合商会、市场中介组织等建设，对人才联盟、企业发展市场导向性产业联盟和技术联盟给予充分的支持和政策上的帮扶。

还有一点，应推进构建黄河流域内市场一体化的经济合作体系，去除和改革对生产要素合理流通形成阻碍的体制与机制；规范市场准入的要求和标准，在整个流域内设置公平、公正、公开的市场准则，在此基础上逐步缩减并最终抹除与区域内运输服务标准要求之间的差距。最后，务必对黄河流域内的公共领域协调机制建设进行完善补充，强化沿黄河各省和市区的协调、沟通、交流与合作，具体包括社会保障、公共文化、教育科技等方面的工程项目。

（四）开放发展

1. 加强与长江经济带的开放融合

长江经济带可以说是近十年来我国最具榜样价值的区域发展战略模范，长江流域的发展战略和黄河流域内的生态保护及高质量发展之间存在一定的相似性，两条干道河流的流域范围都相当广阔，纵贯东西，可以说都拥有彼此开放和交融的条件。但是，从另一个角度来说，与长江经济带相比，黄河流域仍然存在着诸多方面的显著差距，所以其更加需要同长江经济深化融合、加强协作。政府部门应鼓励黄河流域的城市及各下属辖区向长江经济带发达城市和地区学习先进的发展经验，并开展广范围、高深度的合作，就园区内共建、产业孵化、产业转移等领域的工程协同互补、合作共赢，打造"河江联动"的新时代经济发展和地区建设格局。

2. 融入"一带一路"建设

有许多隶属"一带一路"建设工程的节点区域和关键城市都地处黄河流域之内，所以，要想进一步推进黄河流域经济发展，相关部门就应当更加妥善地把握"一带一路"这一建设机遇，深入打造"中欧班列""空中丝绸之路"等经济建设走廊。引导条件完备、经济发展较充分的地区或城市参与实施安全智能贸易航线试点计划，大力扶持黄河流域内固有优势明显、特色突出的工农业产品和高技术产品产业，引导其向西部地带出口产品，延伸从周边沿线国家进口煤炭、原油、矿产等重工业能源和资源。

3. 推动特殊区域开放发展

推动特殊区域开放发展，首先应着重发展自由贸易区的建设项目。直至 2020

年第三季度，已有 21 个自由贸易区获得国务院批准并得以设立，其中陕西、河南、四川、山东等黄河流域省份内均有获批自贸区，以黄河流域的自由贸易区为平台和跳板，向全球生产价值链的分工体系延伸和渗透。再者，可设立跨境经济合作区。对甘肃、内蒙古等较为落后的内陆边境地区和流域内部彼此毗邻的省际地区加大扶持力度，构建跨境经济和旅游合作区，推动跨境经济贸易合作和开放进程。最后，应拓展综合保税区范围。按照既定的开放发展目标和项目要求，对黄河流域中符合相关条件的海关特殊监管区进行二次建设，并将其设置为综合保税区，全面实现黄河流域内的建设一体化目标。

（五）共享发展

1. 推进脱贫攻坚与乡村振兴有效衔接

黄河流域有许多经济欠发达地带，是我国贫困人口的主要分布地带之一，要想使共享发展理念得到充分的贯彻和落实，就务必从根源上解决贫困问题。将广泛开展六盘山区、太行山区、四川藏区等流域内密集分布的连片特困地区的脱贫攻坚任务作为流域治理的工作重心之一，引导黄河下游经济状况较为良好的省市与企业对中上游的贫困地区进行对口帮扶，大力发展地区性特色产业、易地搬迁、教育培训、生态保护、基础设施建设等脱贫工程。深化加强各区域之间的扶贫协助合作，缩减消除流域内部居民之间的生活水平差距、收入水平和整体经济条件的差异。

另外，不能仅将工作内容局限于单纯地消除绝对贫困，在其后还需要开展各种预防性工作以避免贫困人口再次返贫，让相对贫困的程度维持在政府和人力的可控范围之内，实现扶贫工程和乡村振兴战略的有效衔接。

2. 大力保护、传承和弘扬黄河文化

黄河流域是华夏文明的滥觞之地，其孕育的文明蕴含着千百年来中华民族的源头与精魂。所以在黄河治理过程中要给予其足够的文化重视和人文关怀。要做到这一点，相关人员首先应当全面理清黄河流域文化的内容与脉络，例如沿岸文化的基本特征、文化类别、分布区域、社会意义等，在充分认识黄河文明全貌和文明价值的基础之上对流域文化分类和区别保护，对千百年来先人遗留的宝贵文明财富精心维护、代代流传。再来，应尽力全面地对文化资源加以整合，从黄河流域的传统文化中长久深刻地吸收营养，以古老文明源远流长、博大精深的特征作为流域内地区产业发展的优势，并在现代文明成分中充分融合黄河文化的要素，为消费者打造出兼具时代特征和历史厚重感的文化产品，让这些文化场所在新时代成为将黄河文化产业发扬光大的主阵地，让当代市场看到黄河文化品牌所能够带来的新前景和新道路。另外，黄河文化的载体构建和维持也是传承黄河文化过程中不可或缺的环节。为实现这一任务，可采取着重投资建设黄河博物馆与主题公园、开办黄河文化讲堂等措施，以构建文化传播场合的策略开展文化载体建设，使其成为传播、弘扬黄河文化的主阵地。还有一点，要在年轻一代间开展黄河文化教育，从小抓起，大力传播黄河文化及其相关知识。教育部门应从实际情况出发，在广大中小学及大学课堂内开办以黄河文化为核心内容的必修课程或者选修课程，通过基础教育和高等教育的形式，使每个公民都将黄河文化深深铭刻于心中。最后，要对黄河文化在当代社会能够发挥的价值进行全面深刻的探索。以习近平新时代中国特色社会主义思想引领和结合传统黄河文化，让世人都听到"黄河故事"的声音，并借助发达的现代媒体，在世界范围内传播黄河文化，使国内外的广大群众都感受到黄河文化的独特魅力。

3. 促进基本公共服务均等化

城乡和区域之间的不合理分配是目前黄河流域基本公共服务面临的一大突出问题。受到不公正的资源分配的影响，有相当一部分人群仍然未能深入共享发展的成果。因此基本公共服务是政府工作者需要着重付出努力的领域，农业转移人口市民化是当下的重点任务和首要任务之一。政府部门要循序渐进，达到多元化的公共服务供给方式的目标，妥善提高农村地区和贫困地区等较为落后地区的公共服务水平，推进黄河流域城乡和区域间的公共服务项目及其标准的有机融合。

第二章　黄河流域保护与发展概述

本章主要介绍黄河流域保护与发展概述，主要从四个方面进行阐述，分别是黄河流域生态保护和高质量发展的内涵与思路、黄河流域生态保护和高质量发展政策导向、黄河流域水资源管理新形式以及黄河流域水沙调控体系变化。

第一节　黄河流域生态保护和高质量发展的内涵与思路

一、黄河流域生态保护和高质量发展的内涵

通常来说，在高质量发展的过程当中，不但要确保经济高质量发展，还需要确保社会与生态的高质量发展，值得注意的是，高质量发展本身的内涵有着多种特点，分别是多维性、系统性、动态性与长期性。要想使黄河流域获得高质量发展，就需要将发展理念确定为生态优先，借助于市场自身的决定性作用与创新的驱动，使得中心城市逐渐集聚，从而有效加强不同城市之间的联系，使得区域协调发展得以实现，满足人民的美好生活的愿望，一般而言，高质量发展主要表现在以下六个方面，分别是：生态优先、市场有效、动能转换、产业支撑、区域协调、以人为本。

（一）生态优先

要想确保经济的稳定发展就需要保证有着良好的生态环境，值得注意的是，这也是居民对环境的最根本的要求。在我国的黄河流域，生态环境十分脆弱，相关的生态问题也很突出。首先是现阶段黄河的水资源十分短缺。经过统计可以发现，我国黄河流域的年平均径流量为 534.8 亿 m³，占我国全部河川径流量的

2.0%，但是需要注意的是，黄河流域的人均年径流量仅为 473m³，只占全国平均水平的 23%，却要负责我国的 15% 的耕地面积以及 12% 人口的供水任务，它甚至还承担着向黄河流域之外供水输沙的功能。除此之外，近年来黄河流域也出现了各种较为严重的生态问题，比如水土流失、水污染与大气污染等等。因为黄河中上游的大部分地区都属于黄土高原，这里的土质十分疏松，很容易出现水土流失的情况，而且，这里也是我国水土流失最严重的地区。除了大规模的水土流失之外，黄河流域还出现了严重的水污染与大气污染，经过统计之后可以发现，在 2018 年，黄河流域的水质已经达到轻度污染的程度，在黄河干流的 137 个水质断面当中，有 12.4% 属于劣 V 类水，远远高于我国的平均水平。在大气污染方面，我国有空气质量重点监测的城市共有 169 个，其中有 53 个城市处于黄河流域。仅仅在 2018 年，处于黄河流域的陕西、山西、河南、山东的 PM2.5 的年平均浓度值已经远远高于国家标准，并且，在 PM10 方面，除了青海之外的所有黄河流域的城市的年平均浓度值都高于国家标准。在大气污染方面，对空气质量进行重点监测的 169 个城市中只有河南省的城市的情况最为恶劣。伴随着近年来的气候变化以及人类活动的加强等等，位于青海三江源的湖泊已经出现了连续水位下降的情况，并伴随着草场退化与土壤侵蚀，这一系列的恶劣情况在一定程度上对黄河流域的源头的生态功能产生了负面影响。总的来说，要想发展黄河流域的经济，就需要对相关区域的生态环境进行重点保护，推广防风固沙、涵养水源等，通过重点保护与辅助防止有机结合的形式确保黄河的健康发展。

（二）市场有效

在资源配置当中起到决定性作用的是市场，从现阶段看来，黄河流域的市场化水平比较低。在前些年，黄河流域的大部分省区的市场化指数与全国的平均水平有着十分明显的差异，而且不同的地区之间也存在着明显的差异，经过调查统计可以发现，处于下游地区的市场化明显高于上游与中游地区。要实现黄河流域高质量的发展，就需要明确认识到政府与市场之间的关系，及时将管理型政府转变为服务型政府，并对相关法治进行完善，从而使得黄河流域的企业得以在良好的外部环境中发展。除此之外，还需要强化市场在资源配置中的决定性作用，从而使得要素能够流向生产效率最高的地方。

（三）动能转化

动能可以左右经济发展的方式，若是新旧动能得以顺利转化，就能够更好地提高经济增长的质量与效率。值得注意的是，黄河流域有着丰富的资源，比如煤炭、石油、天然气等等。但是多年来我们并没有重视对相关资源的开采与加工生产的方式进行优化，这就导致这一地区已经出现了产能过剩的问题。需要注意的一点是，因为此地的资源产业占据优势，所以创新活动会在一定程度上受到抑制，最终就会出现一系列问题，比如因为资源型地区不追求技术的发展，导致当地缺乏足够的人力资源储备，也就很难实现创新。经过专业人员对 1997—2015 年间的全国各省（区、市）的全要素生产率进行测度，可以直观地发现，在黄河流域的 8 个省区当中，贡献率占据榜首的是山东，占据了 22.4%，除山东之外，宁夏、河南、内蒙古、山西、青海的贡献率都没有超过 10%，也就是说，在黄河流域的经济增产动能方面，主要的投入是资本与劳动力等要素，令人关注的创新驱动十分匮乏。想要在黄河流域建立起高质量的供给体系，并顺利转换新旧动能，对现今的产业结构进行优化，就需要重点关注创新驱动。

（四）产业支撑

作为经济发展的基础，产业能够为一个地区创造合适的就业机会，从而吸引人口入驻该地区。现阶段黄河流域的大多数产业规模都比较小，而且产业支撑不足。在 2005 年—2018 年间，尽管黄河流域的 GDP 不断上涨，但是在全国的 GDP 中所占的比重却在逐年下降。值得注意的是，黄河流域各省区的产业与人口的匹配度在 2017 年除了山东之外大多数都小于 1，这就从数据上直观地说明了这些地区的产业支撑不足，而且，因为大多数省区的产业支撑不足，导致黄河流域的工业化与城镇化在整体上存在着协调度较低的问题，具体表现为工业化进程相较于城镇化更慢。大多数黄河流域的省份都处于工业化的中级阶段，可以明确的一点是，这些省份要想完成工业化还需要长时间的努力。在黄河流域，要重点发展工业，就会与当地的资源环境承载力产生矛盾，所以，在此地发展新型工业的过程中还有很长的路要走。值得注意的是，在高质量的发展阶段，黄河流域要想加快工业高质量的发展就需要有计划地提升产业支撑能力，由此形成足够合理的产业结构与城乡结构，使得工业化与城镇化能够更加协调发展。

（五）区域协调

为更好地解决我国各区域发展的不平衡、不充分的问题，就需要坚决执行区域协调发展的政策。黄河流域的核心区域共有以下四个省区，分别是山西、陕西、河南、山东。值得关注的是，黄河流域的经济中心在河南省的安阳市与山西省的吕梁市。然而，黄河流域的经济中心在 2005 年—2012 年间不断向西移动，在 2012 年后开始向东移动。

对相关数据进行统计研究发现，现阶段黄河流域的发展出现了十分明显的不平衡、不充分的情况，整体上呈现出"东强西弱"的特征，并且在 2012 年之后黄河流域的经济重心已经开始向着东部方向移动，最终形成了东部地区比西部地区的经济发展速度更快的情况。

经过调查统计可以确认，在黄河流域中贫困县共有 198 个，共占我国贫困县总数的 29.12%，黄河流域存在着贫困的面积大、程度深、人口多以及返贫率高的问题。为更好帮助黄河流域的人民脱贫，需要重视缩小黄河流域中各区域之间的差距，还需要提高贫困地区的脱贫力度，最终实现各地区之间的协调发展。

（六）以人为本

作为高质量发展的目标，以人为本与发展成果由人民共享是我们应当遵守的原则。生活在黄河流域的居民的收入相较于其他地方的人比较低，而且城乡之间的收入差距十分明显。2018 年，处于黄河流域的各省区，除了山东之外，城乡居民的可支配收入要远远低于我国的平均水平。2013 年后，处于黄河流域各省区的城乡居民之间的人均可支配收入的绝对差距已经开始明显拉大。尽管两者之间的相对差距在不断地减少，但是值得注意的是，除了河南、山东、山西之外，处于黄河流域各省区的城乡收入比已经高于国家的平均水平。为实现高质量发展，不但需要对经济效率加以重视，还需要重视公平。未来，黄河流域的发展目标就是不断提高所有居民的收入水平，而且需要有意识地缩小城乡之间的收入差距，从而确保贯彻落实以人为本以及与民生共享的理念。

二、黄河流域生态保护和高质量发展的思路

（一）黄河流域生态保护和高质量发展的战略重点

为确保黄河流域可以获得高质量的发展，就应当解决各区域之间发展所存在的不平衡与不充分的问题，从而使得各区域内的生态、经济与文化的一体化建设能够协同推进，基于此，我们就能够彻底打通东西贯穿的黄河生态经济带，使得黄河流域内部的各区域得以形成联动发展格局。

1. 强化生态治理

通常来讲，我们可以认为生态系统本身是一个有机的整体，由此我们就可以确定，要对黄河流域进行生态环境保护，就应当开展跨区域的协同治理。因为黄河流域内部不同区域的自然环境不同，也就应当有不同的生态环境保护重点。所以说我们在进行生产环境保护的时候，应当充分考虑黄河流域内部不同区域的差异性，并对其进行划分治理。比如黄河流域的上游地区所承担的功能为涵养水源，这就需要我们在开展生态环境保护的时候，将重点放在天然林保护、湿地保护修复以及沙化土地植被修复等方面，从而形成一种人与自然能够和谐共处共同发展的现代化建设新格局。黄河流域中游地区面临的首要问题为水土流失与环境污染，这就需要我们在进行生态环境保护的时候，不但要重点治理水土流失的问题，使其能够保持水土，而且使相关水利工程得以加固。除此之外，还需要节能减排，减少排放主要污染物，对当地的产能落后的工业企业进行淘汰以及对过剩产能进行压减，还需要确保当地进行农业活动时合理地使用化肥与农药。黄河的下游地区是人类进行经济活动的主要地区，该地区的生态系统退化十分严重，所以说，在对该地区进行污染防治的时候，也需要进行与洪涝旱碱治理等有着关联性质的生态工程，落实相应的生态修复与维护措施，从而确保黄河流域能够实现防洪安全与经济的可持续发展。黄河流域之所以欠缺水资源，主要是因为当地对水资源需求量大，且当地的工业与农业的用水效率并不高，为解决这些问题，就

需要对黄河流域的水资源分配问题进行合理的规划，并对水资源的分配管理统筹安排，通过建立水权交易制度，使得不同主体之间能够进行水权交易，从而有效提升水资源的利用率。

2. 加强区域分工

在黄河流域，不同区域的资源禀赋与发展条件都有着一定程度上的差异，而且不同区域的发展方向也不尽相同。在黄河流域的上游，这里是黄河的源头，资源非常丰富，但是经济发展与城镇化水平却比较低，所以对此应当始终坚持保护与发展共存的态度，在保护生态环境的同时也对当地的城镇与产业进行合理布局并加以一定的限制，从而实现经济发展与生态环境保护齐头并进的目标。在中游区域是黄河流域资源密集区域，在这里就应当坚持开发与保护并重的原则，将西安、太原、呼和浩特、包头等城市作为中心，更加深入地对能源进行开发与利用，增强相应的调配能力，尽快培育接续替代型产业。除此之外，在开发资源的时候，还应当兼顾生态环境的预防与治理，从而在该区域建立国家资源型经济高质量发展示范区。黄河的下游地区区位更为优越，人力资源丰富，有着更高的经济发展与城镇化水平，因为这一区域制造业发展的速度比较快，所以应当将集聚集约作为发展的重心，积极主动地接受产业转移，并坚持对发展新动能进行转化，从而有效促进黄河流域各中心城市规模的扩张，还需要通过增强当地的产业与人口集聚能力对生产力布局进行优化，最终，建立一个在全国具有高度竞争力的制造业高地。

3. 促进转型升级

总的来说，一座城市要想提升自身的功能就需要重视产业发展。其一，城市功能的提升与产业的发展之间是共生关系，除此之外，城市的公共服务、就业等功能的基础就是产业发展。处于黄河流域的各区域要想建立起自身的产业分工体系，就需要对现阶段自己的传统优势产业进行升级，并且还需要重点培育属于自己的新兴支柱产业。在黄河流域的上游地区可以将建造的各类园区作为载体建立合适的绿色循环产业体系，并由此拓展自身的产业链。不仅如此，还需要有目的地促进上游地区的农牧业的产业化与规模化、品牌化，积极开发新材料，推广新兴产业。除此之外，在中游地区需要将能源化工基地作为载体，实现以煤炭、石油为基础的能源化工产业与各类传统优势产业之间的互动发展，有效提升该地区的各类能源产品的综合利用程度。不仅如此，还需要扶持高端装备制造业，开发各类新材料并且建立各类新兴产业，使得黄河流域中游区域的各类产业能够更加清洁低碳、集约高效，且有安全保障。黄河流域的下游多数都是我国的农业大省，所以就需要重点推动现代农业与节水农业的发展，确保有效提高该地区的农业综合生产能力。除此之外，还需要在此区域将都市圈作为载体，大力建造新时代的制造业集群，大力发展当地的装备制造、家电、纺织服装等产业，推动各类高端制造业的进步。值得注意的是，黄河流域要想促进自身的二、三产业的融合发展、协调共进，形成新型产业发展格局就需要加快黄河流域的现代服务业的发展，重点关注服务业自身的生产性与生活性。

4. 强化区域联系

处于黄河流域的各城市之间的经济交流并不强，而各个省域之间的经济联系就更弱了。值得注意的是，在黄河流域中联系最为紧密的两个区域就是山东与河南，而且，这两个城市之间存在的经济联系总量已经占据了整个黄河流域经济联系总量的 60.2%，河南省与山东省之间产生的联系一直都是省域内部为主。

值得注意的是，这种情况的出现与黄河流域没有发达的航运系统有一定程度上的关联。黄河流域要想获得高质量发展，就需要将黄河看作一个整体，重点关注黄河流域的整体布局，促进各省域之间的交流与沟通。简而言之，就是需要加强黄河流域的基础设施建设，并且还需要打破不同区域之间的行政壁垒。除此之外，还需要重点发挥市场的作用，使得各要素能够在地区之间畅通无阻，也能在空间上进行一定程度上的合理聚合。为建成东西贯通的黄河生态经济带，就需要重点开展黄河流域的基础设施建设，并发展当地的市场化，加强各区域之间的联系。

（二）黄河流域生态保护和高质量发展的推进方略

为了促进黄河流域的生态保护与高质量发展，需要按照不同区域的特点建立五大都市圈，从而形成以都市圈为核心的城镇空间新格局，通过不断完善各区域的硬环境与软环境，使得黄河流域贯通东西，促使要素自由流动，由此就能够有效推动市场化水平以及提升创新的动力，从而从根本上实现动能的转换。

1. 培育建设五大都市圈

现阶段我国都市圈共有 24 个，其中青岛圈、济南圈、郑州圈、西安圈和太原圈都处于黄河流域，需要注意的是，太原圈较为弱小，尚处于萌芽期，西安圈则处于发育期，相较于这两个都市圈，青岛圈与济南圈发展较为完善，处于成长期。但是需要注意的是，不管每个都市圈处于哪个发展阶段，我们为了实现各个都市圈内部产业之间的融合与发展，都需要重点发展都市圈之间的分工与合作。基于此种目的，需要重点规划都市圈内部的交通网的建设，推行城市内部的公共交通设施的建设，使得城市的轨道交通与其他交通方式能够有效衔接，更好地实现都市圈一体化。要不断完善城市圈内部功能，还需要促进各要素与企业、产业向都市圈汇聚。

我们可以以黄河流域的西安圈为例子进行叙述。在西安圈中，我们要将其先作为核心城市，对其自身所拥有的各项功能进行强化，并加强其优势产业的建设，以此更好地推动西安对周围城市的引导作用。值得注意的是，我们在对各城市的功能进行提升的时候应当注意将中小城市与核心城市放在同一重要位置上，由此建立一个合理的城镇规模等级体系。对于部分城市圈来说，要先提升都市圈自身的综合实力就需要重点关注中小城市，重点对各中小城市的产业发展、就业与公共服务等功能进行提升，有效促进一些有潜力的小城市向中等城市发展，更好地提升各中小城市的承载能力，还可以通过对城市内部的产业结构进行优化以促进核心城市的功能优化。为形成黄河流域的增长极，就需要重点培育我国的五大都市圈，由此促进各都市圈之间的融合，实现一体化。

要想使黄河流域的都市圈不断壮大，需要重点关注其中的核心城市。比如兰州、银川等诸多省区中心城市，都有着成为其所在都市圈的核心城市的潜力，所以我们可以以这些城市为核心，培养对应的都市圈，并通过建立都市圈促进黄河流域的高质量发展。

2. 加强交通基础设施建设

为使黄河流域的上游、中游与下游区域互相协调、共同发展，从而扩大各地区对内对外的开放与合作。要对黄河流域的交通网络与基础设施进行建设，使其能够互通互联。并在建设的过程当中不断完善各交通基础设施的网络化格局，对各项基础设施的规划建设进行统筹兼顾，需要注意的是，上游地区的缺陷是交通，所以需要重点建设。中下游则需要注意对自身的运输结构进行优化。比如可以对大通道大枢纽进行建设。

首先是借助国家现代综合交通运输体系建设的各大项目，要积极参与大通道建设。各大通道包含有青岛—济南—太原—银川—兰州—西宁—拉萨运输通道，连云港—郑州—西安—兰州—新疆（霍尔果斯、阿拉山口）陆桥运输通道，天津—呼和浩特—临河—新疆（吐尔尕特、伊尔克什坦、红其拉甫）西北北部运输通道，福州—武汉—西安—庆阳—银川运输通道，由此就能够更好地打通丝绸之路经济带运输走廊，从而建设多条能够贯穿黄河流域的铁路与公路，促进路网连接，提高陆运联通水平，保持并改善航空网络的便利性与通达性，积极建设山东半岛的港口群。

其次是在黄河流域建造合适的国际性综合交通枢纽，促进包括青岛、济南、太原、大同、兰州、呼和浩特、银川、西宁在内的各城市的全国性综合交通枢纽功能的提升，并且还需要加快建设包括潍坊、烟台、包头、榆林、宝鸡、洛阳等地的区域性综合交通枢纽。

再次是积极扩大现如今的农村交通基础设施的覆盖范围，加快并完善农村地区的交通建设，并重点关注农村地区的发展，将两者进行有机结合。

最后是重视新技术，大力发展大数据建设、物联网建设、互联网建设、人工智能等等，使之与当地的交通运输业不断融合。我们可以在黄河流域通过各地的交通基础设施之间的互联与互通，使得各个城市与区域之间的路程现得以缩短，有效促进各地区间的经济交流与社会交往。相较于长江，黄河的航运条件并不理想，但是，在黄河流域的中游地区存在着一定程度上的航运开启条件，所以我们应当对其有清醒地了解，能够正确认识到黄河航运的作用、价值与地位，并对水利枢纽的建设与黄河航运的发展规划进行妥善处理，需要通过科技的手段加以解决。在进行黄河航运的建设开发的时候就需要做好前期工作与基础性的研究工作，通过黄河的中游航运有效增强黄河中游流域的各省之间的经济联系。

3. 深化区域合作

在黄河流域开展一定程度上的区域性合作能够有效促进当地各种生产要素的流动，激发其活力。要实现黄河流域的区域合作就需要开放自身，以一个积极饱满的态度面向国内与国际两个市场。比如我国一直提倡的"一带一路"，这份倡议涵盖黄河流域的多个省份，所以说，黄河流域应当抓住此次机会，积极向西延伸，参与诸如新亚欧大陆桥、中蒙俄、中国—中亚—西亚等等的国际合作性建设工作，有效促进黄河流域内部的各省区之间的交流与合作。值得注意的是，黄河流域不应当只重视对外开放，还应当重点关注并参与京津冀协同发展、长三角区域一体化发展、粤港澳大湾区建设等国家区域发展战略工作。开展区域合作应当重点进行基础设施的共建与共享、经贸合作、文化交流等领域的合作。

除此之外，还需要对不同区域之间的合作机制进行发展与完善。要知道，在黄河流域开展各项区域间的交流与合作就需要面临各种有形或无形的交易成本问题，要想有效降低交易成本就需要重点构建不同区域之间的合作机制。对此，第一点可以建立全局性的区域合作机构，在国家层面建立黄河流域发展领导小组，由他们负责发展方面的顶层设计；此外，还需要在区域层面建立起相应的协调机构以便对黄河流域的区域发展进行总体规划，对各区域之间的关系进行协调，促进各区域的联动发展。第二点是建立一个多元的合作机制，有效发挥各主体的积极性。第三点完善黄河流域各区域之间的合作机制，以确保各区域之间能够协调发展。

4. 提高市场化程度

改革开放的以来，我们一直坚持认为要想最有效率地配置资源，就需要利用市场，坚定地推进市场化的进程。值得注意的是，黄河流域的市场化水平比较低，要想有效提升市场化程度就需要从以下两个方面进行。首先是坚持不懈地完善要素市场提高商品质量，鼓励并支持黄河流域的民营企业与中小企业的发展与企业之间的合作，逐渐实现各生产要素的高速流动与合理配置。除此之外，还要对政府职能进行一定程度上的改革，使之能够更好地认识并处理当地政府与市场、企业与政府之间的关系。所以说，要想正确处理这一问题就需要对政府的权力边界进行合理的确定，从而建设一个服务型的政府，更好地促进营商环境的优化。另外一点是要对政府的调控方法进行一定程度上的改变，将经济手段与法律手段作为主要手段，使用行政手段作为辅助，而且还需要对知识产权与企业上市等相关的法律法规进行改进与完善，从而建立起更为有效的市场机制，更好地提升当地的经济自由度，完美发挥企业的市场主体作用。最后一点是中央政府与地方政府能够明确划分责权，通常情况下，公共物品应当是由政府部门提供的，在原则上作为供给责任的承担者就需要将公共物品外部效应的覆盖范围作为准则，总的来说，能够覆盖黄河流域的多个省级行政区域的公共物品的供给应当由中央政府承担。

5. 提升科技创新能力

现如今的黄河流域有着多个省区都亟待产业转型。这就要求各省区能够增加更多研发资金的投入，如更好地推进西安国家自主创新示范区与山东半岛国家自主创新示范区等的全面创新改革试验，由此形成有着国际竞争力的创新资源集聚区。需要对"政产学研用"这一协同合作的机制进行深入地研究利用，从而更好地形成对创新创业有利的创新集群。简单来说，需要从以下三方面进行。首先是增加公共空间的数量，从而更好地促进创新型企业的集聚，帮助创新主体面对面交流，甚至能够促进知识的溢出；其次是政府应当以召集者、引导者、监督者、催化者的角色出现在建设创新集群的过程当中，从而营造出有利的创新创业氛围；最后一点为重视人力资本积累，要重视人才的培养与引进，为当地的高校、企业等注入新的活力。

第二节　黄河流域生态保护和高质量发展政策导向

习近平指出："生态环境是关系党的使命宗旨的重大政治问题，也是关系民生的重大社会问题。我们党历来高度重视生态环境保护，把节约资源和保护环境确立为基本国策，把可持续发展确立为国家战略。"① 黄河流域作为十分重要的生态屏障与经济地带，多年来为我国的经济与社会发展带来了非常重要的影响，在很大程度上帮助了我国生态文明的建设。

---

① 习近平. 习近平谈治国理政：第三卷 [M]. 北京：外文出版社，2020.

一、牢固树立牵动经济社会全局的创新驱动

习近平指出:"抓住了创新,就抓住了牵动经济社会发展全局的'牛鼻子'。"[①]现阶段我国的发展十分重视创新。为了更好地提升创新能力,我国花费很多精力,经过不懈努力,终于使得我国的科技水平在整体上取得了十分明显的进步。值得注意的是,当前我国的经济发展处于转型期,这段时期就需要我们能够始终坚持创新驱动,由此才能够更好地改善我国科技创新能力不强的问题。随着近年来新一轮科技革命的发展,世界上各个产业的变革已然开启,每个国家都十分重视且有计划地加快自身的科技创新与产业变革,如果没有足够的科技创新能力,就会使本国在未来的世界中处于被动的状态。所以说,中国要实现经济的高质量发展就需要始终坚持创新驱动。现阶段处于黄河流域的各个地区都存在着诸多的问题需要解决,比如当地传统的低端产业过多、新兴产业过少、科学技术水平较低、创新型人才匮乏等问题。要想解决这些问题就需要坚持创新驱动,从而使得新旧动能得以转换,实现高质量发展。

重视人才引进,有效帮助产业得以优化升级。要帮助黄河流域获得高质量发展,就需要重视创新型人才。创新型人才是创新发展的主力,在一定程度上影响到创新的规模、速度、水平等等。习近平总书记强调,人才是实现创造创新的根基,创新驱动就其本质而言在于高质量的人才队伍[②]。黄河流域经济发展情况不佳,这就需要积极克服创新型人才数量不足的问题,通过积极引进人才,建立对应的人才培养机制,推行创新型人才的交流项目,对创新型人才加以重视,通过高端人才积极推动产业的转型升级,更好地实现黄河流域的生态环境与产业的高质量发展。

在构建现代化产业结构的时候需要将技术创新作为根本,如此才能够有效提升核心竞争力。现阶段我国经济社会发展的环境已经与以往大不相同,为了能够适应新环境,增强自身的发展动力,在变化中掌握主动权,并有效解决遗留的落后产能问题,需要坚持技术创新,建立起以技术创新为基础的现代化产业结构。截至目前,黄河流域存在的新兴高端技术产业十分有限,也没有较高的

---

① 习近平.习近平谈治国理政:第二卷 [M].北京:外文出版社,2017.
② 中共中央文献研究室.习近平关于科技创新论述摘编 [M].北京:中央文献出版社,2016:122.

科学技术水平与能力，所以说，要想发展黄河流域的实体经济，就需要对当地的传统产业进行转型，这就需要大力支持技术创新，由此才能够有效推动高新技术作为基础的产业与现代的先进制造业的飞速发展，还需要通过信息网络技术加以支撑现代服务业，最终构建一个不断创新的指挥经济现代产业体系，更好地促进黄河流域的高质量发展。为提高区域的核心竞争力以及实现该区域的高质量发展，就需要保持创新，通过创新帮助经济发展方式进行转变。值得注意的是，若是想要实现核心技术的突破，就需要始终坚持全要素的创新理念，由此才能够有效解决对各区域的经济社会发展产生制约的关键的共性技术问题。通过不断创新，加速创新结果的产业化，寻找创新驱动发展的新模式、新路径，通过获得的各项重大技术突破不断促进新兴的战略产业的发展，从而有效提升黄河流域的产业发展的核心竞争力。需要注意的一点是，处于黄河流域的各个地区需要利用创新促进各项技术、产品等的发展，在信息化时代，重点是要使黄河流域的实体经济与互联网、大数据、人工智能等深入融合，通过有效促进各行各业之间的交流与沟通，更好地实现创新，从而有效促进经济的高质量发展。

二、构建协调治理机制

习近平指出："在发展思路上既要着力破解难题、补齐短板，又要考虑巩固和厚植原有优势，两方面相辅相成、相得益彰，才能实现高水平发展。"① 伴随着我国社会经济的飞速发展以及社会中的主要矛盾的变化，现如今我国存在的发展不平衡与不充分的问题已经十分突出，所以，为了更好地促进经济的高质量发展，需要通过系统性与整体性的观念处理问题，从而有效解决发展的不协调的问题。现阶段的黄河流域内部的各地区无论是在经济、社会，还是物质文明、精神文明等方面都存在着十分明显的发展不协调问题。目前黄河流域的上、中、下游流域都缺乏协同发展，各地区之间也没有进行足够的互动与合作，因此，要重视提升黄河流域的生态环境的保护与环境污染的治理的协调性。

---

① 习近平．习近平谈治国理政：第二卷 [M]．北京：外文出版社，2017：206．

以上种种问题都在一定程度上对黄河流域的高质量发展产生着限制，所以我们应当重点构建合适的协调治理机制，增强自身的系统性、整体性与协调性。

关于黄河流域生态系统的整体性与经济发展的关联性，应当进行整体上的兼顾与考虑，通过加强整个黄河流域的互动合作，更好地形成高质量发展的整体格局。在社会主义建设中应当注意在工作方法上学会"统筹兼顾""弹钢琴"①。值得注意的是，要积极推动高质量的发展，就应当从根本上解决现如今黄河流域所存在的发展不平衡的问题，确保发展的整体性与协调性，否则会激化矛盾。为了更好地推进黄河流域的生态环境保护与高质量发展，需要准确把握环境保护与经济发展之间的关系，选择一条生产发展、生活富裕、生态良好文明发展道路。"黄河干支流互为一体、上下游休戚与共、左右岸唇齿相依，保护治理是相互关联的"②。要更好地促进黄河流域的协调发展，就应当对黄河流域的上游地区进行水资源的养护，对中游地区进行水土流失的防治，在下游建立堤防，从而更好地促进黄河流域的水土流失问题与土地荒漠化问题的协调处理，实现黄河流域干流与支流协调、水中与岸上协调以及黄河流域上中下游协调，从而更好地处理黄河流域存在的种种问题，更好地获取黄河流域的资源。黄河流域的不同区域之间都存在着一定程度上的关联性，通过对当地的实际情况的了解，加强各个区域之间的交流与合作，利用对产业布局的优化，更好地增强黄河流域发展的整体性与协调性。

通过积极构建区域利益协商机制、补偿机制、共享机制，能够有效提升黄河流域之中的生态保护与高质量发展之间的协同性。要增强黄河流域发展的整体性与协调性，就需要对黄河流域中的各个地区的资源进行合理的分配，对它们之间的关系进行协调，积极推动大家参与到黄河流域的保护与治理当中。除此之外，还需要重点关注黄河流域下游的较发达地区，鼓励其发挥带动作用，帮助黄河流域的上游与中游发展较差的地区，更好地促进黄河流域的高质量发展。值得注意的是，为更好地解决治理的成本与收益之间的问题，可以建立合适的流域生态补偿机制，通过向排污者收取生态保护税或污水费等形式，更好地提升黄河流域中

---

① 孙业礼. 新时代新阶段的发展必须贯彻新发展理念 [J]. 马克思主义与现实，2021（1）：4.
② 岳中明. 同心同向建设幸福河 [N]. 人民日报，2020-04-24（5）.

的生态保护与高质量发展之间的协同性。

三、构建绿色治理机制

恩格斯曾说过："我们不要过分陶醉于我们人类对自然界的胜利。对于每一次这样的胜利，自然界都对我们进行报复。"[①] 习近平也曾指出："人与自然是一种共生关系。"[②] 近年来我国的总体实力在不断地增强，但是显著的环境破坏也随之出现，需要注意的是，过于严重的环境破坏最终会严重影响到我们自己，这就需要我们积极推行环境保护。伴随着科学技术的不断发展，我们逐渐开始重视绿色、低碳发展对于经济高质量发展与生态环境保护产生的正面影响。现阶段我们的绿色低碳发展领域还是一片蓝海，有着非常广阔的发展空间，通过对低碳绿色发展进行推广，不但能够使得我们的经济增长获得新动能，还能够对生态环境产生积极的影响。值得注意的是，黄河流域存在着十分严重的环境污染、水土流失等问题，对这些问题的解决要坚持生态优先的理念，通过构建合理的绿色治理机制，有效推动黄河流域的生态保护与可持续性、高质量发展。

要实现黄河流域经济发展的质量、效率、动力三个方面的变革，就要始终坚持绿色低碳的发展道路。要走这条路，首先要进行供给侧改革，积极推动经济健康、协调、绿色发展。始终坚持走绿色低碳发展的道路，深化供给侧的结构性改革，由此就能够更好地对能源的消耗总量与强度进行控制，并在一定程度上限制存在着高污染、高耗能的企业的过度扩张，从而在一定程度上能够使之对产能与生产工艺进行革新。若是要在黄河流域坚持走绿色低碳的发展道路，就应当确立严格的生态环境的保护制度并坚决执行，在一定程度上对供给侧的发展加以限制并进行绿色改革，重视节能与低碳等问题，有效加强资源的保护与利用，基于绿色发展理念走绿色低碳发展道路能更好地发挥出各种要素的生产效能，从而获得最大的经济社会效益。在对黄河流域的产业进行升级的时候，需要注意因地制宜，不同区域的自然条件有着十分明显的差异，而且人类活动范围内的生产建设有着不同的重点，所以，要想有效提升在黄河流域实行的政策与工程措施的效

---

① 马克思，恩格斯．马克思恩格斯文集：第九卷 [M]．北京：人民出版社，2009：559-560.
② 习近平．习近平谈治国理政：第二卷 [M]．北京：外文出版社，2017：209.

果，就需要有计划地推进黄河流域的保护与治理。根据黄河流域的各个区域的特点与实际情况，不同的地区需要制定适合自己的绿色发展政策，积极主动地开发与引进所需要的绿色生产技术。当地政府还应当鼓励当地的企业选择绿色产业。要想更好地提升黄河流域的绿色发展水平，就必须找到属于自己的发展方向、目标、技术等，绝对不可以任意照搬其他流域的发展经验，通过结合自身的实际情况，使得黄河流域获得属于自己的发展路径。为更好地缩小绿色全要素的生产效率所造成的不平衡问题，需要重点考虑能源、人力等条件，积极发挥黄河流域各地区的作用。值得注意的是，应当鼓励黄河流域各地区的绿色经济存在的差异化发展。在黄河流域的上游地区，为避免出现水土流失、土地荒漠化加剧等问题，需要坚持退耕还林、还草；在中游地区，为更好地实现绿色协同发展，需要重点发展服务业、特色旅游业，并在此基础之上重点建设城市群；在中游地区应当重点关注现有的传统能源产业的转型升级，通过坚持绿色工业化的道路，对相关城市的产业结构进行合理布局，通过完善产业结构更好地提升黄河流域生态与产业发展的绿色水平。

四、构建开放内外联动机制

如今，世界局势飞速变化，经济全球化、区域经济一体化使得世界各个国家之间的联系十分紧密，这就要求所有国家面对世界大势必须建立起适合自己的开放型内外联动机制。世界经济全球化导致众多国家面临着十分严峻的外部压力。为了更好地应对国与国之间的竞争，以及相应的外部经济风险，纷纷构建开放的内外联动机制。改革开放后，我国逐渐认识到了对外开放的重要性，因此，为了更好地实现黄河流域的高质量发展就必须坚持改革开放，要学习国外先进的管理经验，从而更好地建立起切实可行的开放型治理机制，可以通过与"一带一路"结合，有效增强黄河流域发展的内在动力。

加强黄河流域内部与周围区域的联动合作机制建设，并鼓励扩大开放。值得注意的是，要想有效解决黄河流域的经济发展不平衡不充分的问题，就需要坚持内部与外部的联动机制并在一定程度上扩大开放，由此就能够更好地发展更高层次的开放型经济，实现双赢。要构建开放的内外联动机制，就要在一定程度上打破政府行使行政区域管辖权的局限，从而有效促进黄河流域各个区域的交流、合作、联动发展。要用开放的现代化思维推进黄河流域的高质量发展，要及时确定各个地区的发展定位，有效避免一些产业出现恶性竞争的情况。不止如此，还需要循序渐进地打破要素的流动障碍，使得创新型的人才与新型的高端技术等生产要素能够在黄河流域各地区实现积极流动。值得注意的是，为了更好地扩大开放应当将整个黄河流域看作一个整体，并在这一基础之上开展相关交通基础设施的建设与联通，建立合理且便捷的黄河通道与航空，由此有效实现黄河流域的各区域之间的合作，更好地促进其与外部区域的紧密联系与协同发展，进而实现黄河流域的高质量发展。需要注意的一点是，在我国开展脱贫攻坚战的过程中，应当始终坚持开放发展的理念，积极接触并悦纳外部事物、外部人才、外部经验等等，从而达到全面建成小康社会的目的。在"一带一路"的背景下，要坚持开放的思维理念，自己走出去，将先进的事物引进来。在实现黄河流域的高质量发展的过程中应当始终坚持开放，将自身积极融入全国与全球的经济大循环当中。通过构建合理的开放治理机制并能够通过自身的努力将资金、管理、人才、技术等等引进来，更好地适应甚至引领科技创新与产业变革。值得注意的是，黄河流域不只是"一带一路"的起点与重要的中心地带，还是面向中亚、南亚、西亚等国家的重要通道以及一些货物的枢纽，要推动黄河流域的高质量发展，就需要对其所处的地理位置的各种优势进行合理应用，借助国家"一带一路"的建设规划不断深入，使自身深入国际市场，并且借助黄河流域自贸区的发展优势，不断扩大亚欧区域的经济贸易国际合作。作为处于黄河流域的众多省区中的唯一一个东部沿海的省份，山东省自身是黄河流域内陆地区对外开放的重要出海口，这一优势有效推动建设黄河下游东向沿海的开放经济带，并且借着与日本、韩国相邻的地理优势，三方可以共同构建自贸区，建设高水平的开放平台，更好地促进产业的发展。除此之外，还需要对黄河流域上游地区的西部大开发工作的统筹推进，帮助黄河中游地区的各个中部城市协同发展，还需要关注京津冀的协同发展并构建开放的内外联动机制，从而有效实现黄河流域高质量发展。

五、构建共商、共建、共享治理机制

习近平指出："共享是共建共享。共建才能共享，共建的过程也是共享的过程。要充分发扬民主，形成人人参与、人人都有成就感的生动局面。"[①] 要推行全球治理，就需要坚持共商、共建、共享的原则。值得注意的是，要更好地实现高质量发展，就应当积极重视黄河流域各个区域之间的沟通与交流，达成共识，树立起大局观，求同存异与统筹兼顾，实现各方的利益诉求。坚持共享，先关注一些能够形成共识且能够推动高质量发展的事情，并在此期间对治理机制进行完善。通过构建共商、共建、共享的黄河流域治理新机制，有效推进黄河流域的高质量发展，在此过程中需要重点培养责任意识，从而形成人人负责、人人享有的黄河流域治理共同体。

通常情况下，要建立共商、共建、共享的治理机制，就需要先建立将黄河流域作为中心的综合治理机构，并以此来解决黄河流域内部各区域之间管理无法互通的问题，最终起到共商共建的作用。除此之外，我们还应当鼓励公民与社会组织等通过各种方式积极参与到治理过程中，并且在参与过程中加以监督。值得注意的是，我们还应当有意识地建立关于黄河流域治理的信息公开发布机制，并对其进行完善，通过相应的信息交流平台，使社会更加方便快捷地接收到与黄河治理相关的各种信息，确保民众能够享有监督权。要始终坚持共建共享，通过对舆论的引导与控制，逐渐增强民众对黄河流域的生态保护以及高质量发展的责任感。

在日常工作中，我们应当对黄河流域内部各个地区的利益进行协调与兼顾，始终坚持利益共享。黄河流域与各省区之间存在着直接或间接的关系，而且这些区域又和当地民众日常生活有着十分紧密的联系。我们在对黄河流域的水资源进行管理与开发的时候，应当重视黄河流域各个区域民众的利益，在对黄河流域的中下游进行水资源的开发与利用时，适当地将部分利益反馈给黄河流域上游的民众。值得注意的是，应当重点关注黄河流域欠发达地区，要对各项民生事业的建设进行兜底，确保并促进各区域之间的教育、医疗与卫生资源的共享，通过构建

---

① 习近平 . 习近平谈治国理政：第二卷 [M]. 北京：外文出版社，2017：215.

相关的利益共享机制，使得民众获得足够的成就感、幸福感与满足感，通过持续性地满足民众的物质文化需求来实现黄河流域的高质量发展。

第三节　黄河流域水资源管理新形式

一、水资源管理概述

（一）水资源的内涵

从客观上讲，对水资源进行管理的对象就是水资源，所以在日常工作中讨论水资源管理时离不开水资源本身，但是水资源本身有着各种各样的形态以及不同的物理化学特性，甚至还有着不同的自然属性、社会属性与环境属性等，这就导致没有一个关于水资源的统一定义。通常情况下，我们将水资源定义为全部自然界任何形态的水，包括气态水、液态水和固态水。

水资源本身指的是那些能够被利用或者有可能被利用的水源，通常情况下，这个水源应当保有一定的数量和质量，并且能够在某一个地方被使用。

我国对水资源的开发与利用有着悠久的历史，有较为完整且具有中国特色的水利科学体系。在很长的一段时间里，我们一直将水资源称为水利，直到近20年以来，才广泛地称之为水资源，如今，水利与水资源两个词汇在我国并行使用。我国相关专业的专家学者对水资源自身的内涵进行了较为深入的探讨，但有关水资源的定义从各自不同的研究角度看各有其合理的因素，由于各自的侧重点不同，差异较大，使人难以把握。全面认识和正确掌握水资源的内涵，应从如下几个方面考虑。

首先要区分水与水资源的差异。自然界存在着的不同形态的水数量巨大，但并不能全部成为资源。所谓的水资源应指那些对人类具有利用价值或潜在利用价值的那部分，这里所指的利用指直接利用，土壤水因为不能被人们直接利用，也就不能成为水资源。

其次要考虑水资源的天然属性，即只有那些天然状态下的水才可以成为水资源，污水经过处理后虽可以被人们重复利用，作为供水的来源之一，但经过处理后的污水已不是天然状态的水，因此不能称为水资源，只能称之为水产品。污水资源化属于水资源利用的范畴，经过处理后的污水可以参与水平衡计算，属于重复利用部分，但不能参与资源的计算评价。

还要考虑水资源的经济技术属性。随着人类科技进步，人们可以利用的水资源的外延不断扩展，如远古时期，人们的生产技术水平很低，只能择水而居，直接利用地表径流，不能凿井开采地下水，随着打井技术的出现，人们开始大规模开发利用地下水资源。目前，地下水在部分地区已成为主要的供水水源。海水淡化使海水利用成为可能，但从经济角度考虑，许多缺水的发展中国家承受不起这一技术，因为经济分析不合理。因此，从技术经济属性的角度来看，水资源可以分为广义的水资源和狭义的水资源，从广义上来讲，水资源指的是一切能够被直接利用或者存在潜在价值的天然水。狭义的水资源是指在一定经济技术水平下具有利用价值的天然水。很显然，狭义的水资源更具有现实的指导意义。

最后要考虑水资源的社会、环境属性。水资源的开发利用促进了人类社会的发展，但如果过度开发利用水资源，超过了环境的承受能力，就会使环境受到破坏，进而影响到人类社会的生存和发展。如对地下水的开发，应维持在一系列过程中地下水的采补平衡，过量开采将导致水资源的枯竭，还可能引发地质灾害。综合上述分析，水资源的定义可从广义和狭义两方面进行考虑。

从广义上对水资源进行定义，可以认为，水资源指的是地球上存在的所有能够被直接利用或者有着潜在利用价值的天然水。借助于这一概念，能在一定程度上指导人们更好地保护地球上存在的所有有着潜在利用价值的水资源。

从狭义的角度对水资源进行定义，通常认为，水资源是能够对人类的生存与发展进行维持的、难以替代的自然资源，并且，这项资源是能够在一定的经济技术条件下，被人们直接利用，有着一定的质与量，能够在短时间内得到恢复的自然水。近年来随着科学技术水平的不断发展，人们对水资源的需求量越来越大，使得狭义的水资源概念在不断地扩大，逐渐接近广义的水资源概念。

（二）水资源管理的内涵

通常情况下，我们所指的水资源管理，是为了在一定的区域之内获得合适的、能够不断进行开发且长时间使用的、有一定质与量的水资源，能够在很大程度上促进经济社会的可持续发展与改善环境要求的各项活动。

我们对水资源进行管理的最终目的是通过利用最少的水资源，以相应的投入来获得最大的收益，从而更好地实现水资源本身的可持续利用，以及有效促进人类经济社会的可持续发展。但是值得注意的是，受限于人类本身的认识水平以及社会发展，在不同的历史时期，人们对于水资源的管理所定义的目标有所不同。比如在工业化初期，人们对于水资源管理的目标就是最大限度地利用水资源，使之能够更好地满足国民日益增长的经济用水的需求；在现代社会，人们已经不需要过多地使用水资源，这时候，对于水资源管理的目标就转变为了对水资源加以保护，从而能够维护良好的水环境，除此之外，还要确保水资源能够可持续利用，使之有效促进经济社会的可持续发展。

在进行水资源管理时，目标对象是水资源，具体来说是水资源系统。与自然界存在的其他自然资源不同的是，水资源是流动且可以再生的自然资源，研究发现，其功能用途多种多样，通常情况下，会以地表水与地下水的形式出现，并且会以流域为单元进行循环，它本身会表现出一定的质和量。对于水资源来说，通过地表水与地下水之间的循环转换，其质和量也在不断地变化，由此就构成了一个复杂异常且有着固有演变规律的自然系统。一般情况下，人们通过新建各种水利工程，对水资源进行管理、开发与利用，但这种方式会对水资源的自然演变产生一定程度上的影响，从而使其自然流态与时空分布产生变化。所以说现阶段我们所见到的水资源系统已经不单单是自然系统，而是自然系统与社会系统互相结合之后的复杂系统。水资源系统本身能够分化出不同层级的子系统，我们可以根据它的自然属性，将其分为各支流子系统、干流子系统以及全流域水资源系统，甚至于每个支流的系统也能够划分成不同的子系统。通常情况下，我们会按照行政区域对水资源系统进行划分，可以将其分为国家级、省级和地市级、区（县）级的水资源系统。因此，对水资源的管理，必须以系统的观点，处理好系统内部不同因素之间的关系，注意不同层级的管理协调，使整个水资源系统处于良性循环的状态。

（三）水资源管理的功能

概括地讲，水资源管理功能包括三部分，即水资源管理的决策功能、组织功能和监督功能。

1. 决策功能

在现代管理中，有一个非常重要的步骤就是决策，一般而言，决策本身也是水资源管理工作中的前提与基础，它贯穿于整个水资源管理的过程。通常来讲，水资源决策包含水资源开发利用规划、水中长期供求计划、水量分配方案等。值得注意的是，水资源管理的决策水平高低能够决定一个国家的国民经济发展，毕竟，水资源本身就是一个国家国民经济发展的命脉。通过正确的决策，能够促进一个国家经济社会的发展，反之亦然。

正确的决策来源于对水资源系统的正确认识和对未来发展趋势的合理估计。同时，正确的决策还要遵循科学的决策程序。一般决策的程序分以下几个阶段：首先是确定决策的目标，决策目标应选定那些与现实差距较大且急需解决的问题，该问题必须是主、客观条件允许，经过努力能够解决的；其次是制定备选方案，备选方案应是为目标服务的，并且互不相同；三是选定方案，这是决策程序的关键，选定的方案必须是效益最大、风险最小的方案，还要有相应的应变措施，以备不测；四是制定实施计划，实施计划是选定方案的具体化，应包括实施策略、实施步骤、人财物的投入安排等；五是决策的跟踪，决策的正确与否、合理程度如何一定要通过实践进行检验，同时，决策也必须在实践中不断地修正，以适应不断变化的情况。

决策的规范化已日益受到重视，我国《水法》对规划水资源长期供求计划和跨行政区域的水量分配方案的编制和审批程序进行了明确规定，这是水资源管理决策科学化的重要法律保障。

2. 组织功能

周密的组织是实现决策目标和计划的关键。水资源管理的组织功能包括组织、协调和控制。良好的组织有赖于管理机构的合理设置、明确的职权、高素质的管理人员、任务的合理分工和信息的畅通。

水资源管理组织功能的目标，一是创造实现决策目标的条件，二是提高管理工作的效率，三是建立大众参与的协商机制，四是确保水资源管理信息的畅通。

通常情况下，我们会通过管理组织的方式实现水资源管理的组织功能，所以说，这就需要我国依据自身的情况设置相应的管理机构，并为之设立配套的管理机制。吸取以往水资源管理组织工作的教训，我国在颁布《水法》后，自上而下建立了水资源管理的专门机构和水政执法队伍。在中央一级，作为我国的水行政主观部门，水利部主要负责的工作是对全国的水资源进行统一的管理，其他的部门会对水利部进行配合与协调，共同负责与水资源管理相关的工作；在流域一级，国家在重要江河上设立了七大流域机构，在本流域内行使水行政管理职能，统一管理本流域的水资源；在省区内部，建立省、市、县三级人民政府水行政主管部门，统一管理本行政区域内的水资源，其他部门按照法律法规授权和部门分工，负责有关的水资源管理工作。

3. 监督功能

水资源管理的监督功能又称控制功能，具体来说就是根据预先设置的水资源决策目标与相应的实施计划对相应的水资源开发与利用进行严格的监督，并及时进行检查与控制，发现有不合理的地方还可以进行合理的纠正，对新出现的情况，要适时修正原先的决策目标和实施计划，以达到预期的目的。

监督功能必须依照既定的决策目标，并按实施计划执行。监督功能实施的条件：一是要有监督管理组织和必要的手段，这是实施监督功能的关键；二是要有水资源管理信息的收集、传输和处理系统，以便分析衡量计划目标与实际工作效果的偏差和原因，采取相应的对策。值得注意的是，现阶段我国度水资源的管理与监督的手段并不完善，信息不灵，已不适应水资源管理的要求。

二、黄河流域水资源管理现状

目前，黄河水量管理和调度主要依据国务院"八七"分水方案《黄河水量调度条例》和有关的取水许可管理规定，采取的主要措施包括以下 3 个方面：一是实行取水许可总量控制，控制省区用水规模；二是对省区年度实际引黄水量实行总量控制；三是对省际断面的下泄流量实行控制，确保达到规定的流量指标。

（一）率先进行全流域水量分配工作

20 世纪 80 年代初，黄河流域水资源供需矛盾日益突出，从 1972 年起，黄河下游出现经常性的断流。为此，黄河水利委员会（以下简称黄委）开展了"黄河水资源开发利用预测"的相关研究，以 1980 年作为基础年，采用 1919 年 7 月至 1975 年 6 月共计 56 年长度的黄河天然年径流量系列，对 1990 年和 2000 年两个规划水平年进行了供需预测和水量平衡分析，提出了南水北调工程生效前黄河可供水量的分配方案，1987 年国务院批准了国家计委、水利部由此形成的《黄河可供水量分配方案》（简称"八七"分水方案）。

（二）率先实施取水许可总量控制管理

根据相应的政策，在 1994 年，黄河流域正式开始施行水许可制度，对黄河的干流与部分较为重要的跨省区的支流进行水许可证的全额或者限额的管理，并且在该区域首次推行以流域为单元的取水许可总量控制与管理。

为了有效防止黄河流域的用水失控现象，我们需要对黄河流域进行水资源总量控制的动态管理。根据黄河所推行的可供水量的分配方案，结合对应的丰增枯减的原则，我们能够发现 1999 年至 2003 年之间的水量调度的实施情况不容乐观，多地的平均耗水量已经远远超过了年度的分水指标，值得注意的是，在这些地区中，宁夏、山东、内蒙古都没有新增取水许可指标。目前为止，处于黄河流域的农业用水量已经足足占据了所有引黄用水量的 79%，这就说明位于黄河流域的农业用水在一定程度上存在着很强的节水潜力。为了更好地利用自身的市场化手段对黄河水资源的使用进行优化配置，以及对当地的经济社会的可持续发展进行支持，并有效促进节水型社会的建设，而且在一定程度上使得有限的黄河水资源能够更多地供给高效益与高效率的行业，我们需要有意识地在黄河流域开展水权转换的试点工作，并对灌区进行相应的节水改造工程的建设，以确保将部分水资源在输水过程的损耗处理掉，更好地为众多新建的工业项目进行有偿地转换服务。《黄河水权转换管理实施办法（试行）》象征着具有黄河特色的水权转换制度的初步建立，并于 2005 年在宁夏、内蒙古两区成功推行水权转换总体规划。在此规划之下，到 2015 年，这两个区域的引黄灌区渠系水利用系数将获得一定程度上的提高，它们不会再超用黄河水量。

三、黄河水资源管理存在的问题

（一）水资源供需矛盾加剧

伴随着黄河流域的经济社会发展与人口的增加，当地的水资源承载力已经不堪重负。值得注意的是，因为黄河流域的河流输沙与生态环境的用水被大量地挤占，黄河的健康发展与黄河流域生态系统的稳定在很大程度上受到了直接影响。除此之外，当地的工农业用水受到的限制越来越严重。

黄河的河道输沙水量存在着不足的情况，这就导致在黄河下游"二级悬河"的情况在一定程度上愈演愈烈，尽管对其进行的多次调水调沙工程取得了成功，但是下游河槽的最小过洪能力仍旧难以令人满意，这就导致当地的防洪形式十分严峻。

黄河的悬河会受到河内输沙水量的影响，现如今的黄河悬河已经蔓延至黄河的上中游河段。近年来，宁蒙河段下游的头道拐断面的来水量不断减少。特别是近几年来，相同流量下的水位明显抬高，形成"槽高、滩低、堤根洼"的局面。宁夏河段年均淤积 0.1 亿 t，水位抬升 5~16cm；内蒙古河段年均淤积 0.58 亿 t，水位抬升 24~180cm，部分河段已成为地上悬河，严重威胁到大堤两岸人民的生命财产安全。

因为多年来并未对黄河流域的生态环境等进行管理与维护，使其受到了畜牧业过度破坏与矿业开发的影响，导致黄河源区出现了草场退化、土地沙漠化的情况，而且这种变化也在不断地加剧，若没有一个尽善尽美的处理办法，就会导致黄河流域的河川径流量减少。并且一位地下水的采补失调，使黄河流域内部的部分地区已经出现较大规模的地下水漏斗。

基于黄河流域自身的自然资源以及经济社会的特点对其进行观察，可以发现，在未来很长一段时间之内，该地区的经济社会与生态用水的需求会极大地增长。首先，我们可以从人与水资源和谐相处，以及更好地维护黄河流域的生命健康的角度对其进行观测，可以发现，现阶段被挤占的生态用水在未来会回归于生态。其次就是处于黄河流域上游与中游地区的能源资源较为富集，这也使得这一地区的工业化进程的速度不断加快，也正因此，未来这一地区的用水量也会得到显著的提高。最后一点就是黄河流域内部诸如湖泊与湿地等生态环境的用水量也会增加。

（二）水污染形势严峻

需要注意的是，现如今黄河流域的水资源污染情况十分严峻，工业废水与城镇的生活废物严重影响到了黄河流域的生态环境。

2016 年的数据显示，当时的黄河的干流平价河长为 5463.6km，部分年平均符合 I 类、II 类水质标准的河长占总河长的 95.4%，符合 II 类水质标准的河长占 4.6%，无 IV 类、V 类、劣 V 类水；主要支流评价河长 16860.9km，年平均符合 I 类、II 类水质标准的河长占评价总河长的 41.6%，符合 I 类水质标准的河长占 12.0%，符合 IV 类、V 类水质标准的河长分别占 9.4% 和 7.2%，符合劣 V 类水质标准的河长占 29.8%，主要污染项目为氨氮、化学需氧量、高锰酸盐指数、五日生化需氧量、挥发酚等；参评省界断面 75 个，其中年平均符合 I 类、II 类水质标准的断面占比 44.0%，符合 II 类水质标准的断面占比 10.7%，符合 IV 类和 V 类水质标准的断面占比 16.0%，符合劣 V 类水质标准的断面占比 29.3%，省界断面水质达标率仅为 58.7%；333 个地表水重要水功能区有 333 个，参评 290 个，达标率仅为 51.4%。2016 年参评的黄河流域重要城市供水水源地（饮用水）15 处（全部在黄河干流），新城桥、磴口、滨州、利津镫 4 个断面月达标率为 75%，花园口、开封大桥、高村等 3 个断面全年未达标，主要超标污染物为氨、氮、铁、锰等，黄河支流的水污染形势严峻。

（三）工农业用水效率较低

值得注意的是，现阶段黄河流域的供水水价过低，导致当地的水资源浪费情况层出不穷。黄河供水区的农田灌溉平均引水量 2001—2004 年为 270 亿 m³、

2010—2016 年为 353.6 亿 m³，本身就是黄河流域最为耗水的部分。但是黄河流域的农业管理机制不甚明晰且没有得到贯彻落实，农作物的种植结构不够合理等问题使得灌溉用水出现了很大的浪费。

（四）水量调度管理手段薄弱

现阶段的黄河流域对水资源的管理与调度的执行并不尽如人意，多数情况下，对黄河流域水资源进行统一管理与调度，是依靠行政措施与技术措施实现的，但是因为相关的法律责任并没有进行明确的规定，因此很多地方存在着超指标的引水问题。而且市县之下的行政区域并没有得到水权的分配，相关制度也不具备较为严格的约束力，这就使得黄河支流的取水许可并没有得到较好管理，一些省（区）的总量控制也不完全到位。

四、黄河水资源管理制度建设

随着我国社会的发展，一些地区的自然资源已经承受了过度开发，从而产生了十分严重的影响，也正因此，我国在资源的管理与环境保护方面出台了一系列政策，以确保经济社会发展方式得到转变，从而保护环境，减轻环境的压力。在水资源的管理方面，我国出台了十分严格的水资源管理制度。对于黄河来说，其本身属于资源性缺水河流，因此需要严格落实水资源管理制度，从而对水资源进行强力的约束，确保黄河水资源的可持续利用，并支撑流域以及周围地区的经济社会可持续发展。我们在对黄河的水资源进行管理以及水量进行统一调度的时候，无论是在制度构建还是机制创新，或者是能力建设等方面，都推行了一系列合理的措施，因此，取得了十分显著的社会效益、经济效益与生态效益。

（一）加强总量控制

对黄河水资源的刚性约束进行一定程度上的强化，一般而言，我们认为黄河本身是最早对大江大河进行水量分配的河流，也是最早将流域作为单元进行用水总量控制的河流。在对黄河流域各方面的用水情况进行统筹兼顾之后，1987 年，国务院批准了与黄河相关的可供水量分配方案，在这一方案中黄河正常来水年份天然径流量为 580 亿 m³，最大可供水量为 370 亿 m³，并将其全部分配给相关省（区），经过统计研究之后可以确定，这是正常来水情况下黄河水资源承载能力的极限，所以我们也将其划定为各省（区）开发利用黄河水资源的红线，并且因为每一年黄河的来水量是不同的，这就要求当年的分水方案应当根据水情的不同进行合适的调整。

通常情况下我们可以根据黄河的可供水量所确定的分配方案进行黄河用水的总量控制，其中包含三个层次的管理：第一个层次的管理是对正常的来水年份当中最大的引黄耗水规模进行控制，使之保持在黄河的可供水量范围之内，一般情况下，是通过对取水许可审批的总量进行严格的控制，并开展相应的水资源论证；第二个层次的管理是对黄河流域的年度用水总量进行控制，使之一直处于黄河流域可供水量的范围之内，确保其不会突破总量的分配，由此就能够有效防止对黄河水资源进行过度的开发利用；最后一个层次的管理是断面流量控制，通过对黄河流域每月的用水计划进行研究对账，将省界断面控制性水文站作为水量的控制断面，确保出境水量不小于每个月所规定的出境水量，也不小于规定的预警流量，以此来确保黄河不会出现断流的情况。

1. 严格取水许可审批总量控制

取水许可就是对水资源进行管理的部门按照所规定的水量分配方案或者是相应的实现规划对水资源进行分配的行为，是对水资源的供求关系进行有效调节的一项基本手段，通过这一方法，能够将黄河流域有限的水资源通过宏观调度的方式合理地分配到各个取水单位。总的来说，若在一个地区实施取水许可，就应当严格遵守当地所批准的水量分配方案，简单来说，就是所批准的能够取水的总耗水量绝对不可以超过这一流域的水资源利用量，若对黄河取水许可总量进行控制，可以相应的可供水量分配方案为依据，值得注意的是，取水许可总量控制是能够实施并落实分配方案的重要措施。

1999 年水利部下发《关于加强黄河取水许可管理的通知》，明确要求"加强黄河取水许可总量控制管理，黄河水利委员会和省（区）各级水行政主管部门审批的取水许可水量之和不得超过国务院批准的黄河可供水量分配方案分配给各省的水量指标"。2002 年黄河水利委员会制定了《黄河取水许可总量控制管理办法》，对取水许可总量控制管理程序及其实施进行了具体规定，建立了总量控制指标体系。

要对总量进行控制，通常情况下我们会从以下两个方面入手，一个方面是取水审批总量的控制，另一个方面指的是对年度用水总量进行控制。我们又可以将其分为四个层次，其中第一个层次是按照黄河流域的水资源的承载力进行相应的供水总量的分配。第二个层次指的是依照供水总量、现阶段的用水量情况等对黄河流域的各行政区域进行对应的水量分配，我们通常将其称为初始水权配置，由此对黄河流域的各省（区）的用水权和取水许可总量进行确定。第三个层次指的是对自身所获得的初始水权进行再分配或者是多次分配。第四个层次是直接对各种类型的用水用户进行分配，经过统计、调查与测算，确定相关用户的许可用水量与相应的年度用水计划。

2. 开展规划水资源论证

为更好地探索在水资源紧缺地区实施规划水资源论证，黄河水利委员会于2011年在严重缺水的新疆哈密市试点开展了哈密煤电基地规划水资源论证，对规划的哈密煤电基地项目所在地是否有足够的水资源提供支撑、水资源能够支撑多大的火电站装机规模进行论证，通过实施规划水资源论证，提供了当地水资源支撑哈密煤电基地的依据，解决了煤电基地建设对水资源条件的制约问题，目前哈密煤电基地已正式投产供电。在试点的基础上，近几年通过开展规划水资源论证，陆续解决了宁夏宁东、内蒙古鄂尔多斯、陕北、山西省众多大型煤电基地水资源配置问题，保证了国家重点建设项目水资源指标的落实。规划水资源论证已成为规划范围内新建取水项目审批的依据。

开展规划水资源论证一方面强化和落实了水资源刚性约束的要求，国务院批准的黄河可供水量分配方案和省（区）黄河分水指标细化方案已成为编制相关规划水资源论证的基础；另一方面为各级政府开展经济社会发展宏观规划和各专项规划提供了科学决策依据。

（二）开展黄河水量统一调度

20世纪60年代，黄河上游和中游分别修建了刘家峡和三门峡水利枢纽，很大程度上改变了天然径流的时空分配，对上游河段的供水和下游河段的防洪、防凌等带来影响，与之相关的水量调度一共经过了四个阶段。第一阶段指的是 1969 年成立的黄河上中游水量调度委员会，负责包括刘家峡、青铜峡等水库在内的黄河上游水量调度，值得注意的是，黄河防办本身主要进行三门峡水库调度，黄河下游以除害防洪、防凌调度为主，也正因此形成了黄河上、下游相对独立的调度体系；第二阶段是在龙羊峡水库投入运用之后，依据当时的条件与存在的问题对原有的调度委员会进行一定程度上的调整，并由此开始了对黄河流域的全流域进行水量调度的工作；第三阶段是从 1989 年开始，为了更好地保证黄河流域的防洪、防汛、防凌工作的开展，黄河防总在黄河的凌汛期开展了黄河的全河水量的统一调度；最后一个阶段是从 1999 年开始对黄河进行全河水量的统一调度，这是得到国务院授权的。伴随着 2006《黄河水量调度条例》的颁布，黄河水量的调度开始进入依法管理的新阶段。

依据国务院所批准的黄河可供水量的分配方案，黄河流域开展了对黄河水量的统一调度。我们可以依据年度黄河来水预估和水库蓄水情况，按照"同比例丰增枯减"原则，确定年度黄河可供水量，并对省（区）用水实行总量和断面流量双控制。现阶段的黄河水量的调度工作已经囊括了黄河流域的绝大多数地方，甚至于在年内的时段用水控制已经实现了闭合管理。现阶段的黄河水量的调度目标主要为确保黄河功能性不断流，并基于此更深入地增强支流的调度，有效减少支流的断流天数，保证支流的入黄水量的增加。年度调度计划对省（区）用水的约束作用显著增强。黄河水量统一调度制度建设和实践主要包括以下几方面。

1. 调度管理体制

相关的水量调度管理体制主要是将流域管理与区域管理有机结合，要实施流域水量调度，一般情况下会通过两个部门进行，分别是流域管理机构与相关的水行政主管部门，由此就能在一定程度上明显地体现出流域管理与区域管理进行有机结合的管理体制。

2. 调度法规建设

目前我国已经形成了较为完善的水量调度法规体系，国务院颁布《黄河水量调度条例》，水利部下发了《黄河水量调度条例实施细则》，黄河水利委员会制定了《黄河水量调度突发事件应急处置规定》《黄河下游水量调度订单管理办法》《黄河水资源管理与调度督查办法》等，其中《黄河水量调度条例》是我国第一部国家层面制定的规范流域水量调度的行政法规。

3. 调度原则

具体而言就是需要实行总量控制、分级管理、分级负责等等，通过国家对水量与流量断面控制进行统一的分配，并且还需要统一调度主要区域的用水配水以及重要的取水口等等。

4. 调度技术

通过水文预报、需水预测、墒情监测、水库优化调度、用水监测（监控、监视）等技术，使得水量调度断面控制和总量控制得以更加合理、可行；同时发布河干流各主要控制断面预警流量。

5. 调度方案编制

形成年计划、月方案、旬方案、实时调度指令等长短结合、滚动调整、实时调整相嵌套的调度方案编制和发布体系。制定《黄河干流抗旱应急调度预案》《黄河流域抗旱预案》。

6. 调度监督检查

建立行政首长、水行政主管部门及枢纽管理单位负责人、日常业务联系人的联系制度，对水量调度当中遇到的问题进行有效且及时地沟通与协商；通过实行水量调度行政首长负责制，明确各省（区）行政首长在水量调度工作中的职责。严格实行水量调度监督检查制度，对违规行为进行处罚。

据统计，2010—2014 年年均黄河天然径流量为 530 亿 m³，年均可供水量 340 亿 m³，年均引黄耗水量 327 亿 m³，各年耗水量基本控制在年度可供水量之内，年度调度计划执行情况良好。在按计划管理好河道外用水总量的基础上，兼顾了河道内生态用水，实现了黄河干流连续 17 年不断流，河流生态系统得到改善。2010—2014 年，利津年均入海水量为 203 亿 m³。

（三）构建"四个体系"

落实最严格水资源管理制度。依据国务院所印发的《关于实行最严格水资源管理制度的意见》，严格落实水资源管理。

1. 最严格水资源管理制度的核心

在水资源管理制度中最为重要的就是"三条红线"与"四项制度"。

其中，"三条红线"分别指向三个部分，其一是对水资源进行开发利用的控制红线，对水资源的开发利用的重量进行控制；其二就是对水资源的利用效率进行控制的红线，有效控制对水资源进行开发利用的时候所表现出来的强度；最后是对水功能区进行限制的纳污红线，通过这条红线对排入河道中的污水进行计算，确定并控制河排污总量。

"四项制度"中的一项制度指的是对水资源的总量进行控制的制度，在此种情况下需要重视将水资源开发利用的源头进行监管；其二指的是对用水的效率进行控制的制度，由此对水资源的开发利用的过程进行控制；其三指的是水功能区进行限制的纳污制度，通过此种制度对水资源的开发利用的末端进行管理；最后一项制度指的是对水资源进行管理的过程中所承担的责任与考核制度，通过此种制度更好地确保落实"三条红线"控制目标的制度。

2. "四个体系"

结合黄河水资源管理实际，黄河水利委员会构建与最严格的水资源管理制度相适应的四个体系。

（1）法律制度体系建设

以《黄河水量调度条例》《取水许可和水资源费征收管理条例》为基础，前期已经在黄河取水许可、水量调度、水功能区监管和黄河水权转让方面制定了管理办法，下一步要在进一步加强总量控制、定额管理、事中事后监管、入河污染物控制等方面进一步完善相关管理制度；同时，在黄河水资源开发利用监测预警和管控、水权管理方面建立相应的制度。

（2）指标和标准体系建设

随着相关的黄河分水指标细化工作的推行，现阶段黄河流域大部分地区已经切实地将分配到的黄河耗水指标进行细化并落实到了相应的干支流当中，并明确了13条重要支流的耗水指标；开展了渭河等8条跨省（区）支流水量分配方案制定工作；促推相关省（区）建立了省、市县三级"三条红线"控制指标。

（3）执行体系建设

加强黄河水资源管理与调度的监督与检查，并建立与之相对应的督察制度，严格并全面贯彻落实黄河水量调度计划责任制，并且国家会对其执行情况进行考核。

（4）技术支撑体系建设

现阶段已经修建完成的对黄河水资源进行管理与调度的系统能够及时地对黄河的水量、水质等情况进行监控，以确保能够及时为水资源管理提供合适的支撑措施。

（四）探索建立黄河流域水资源承载能力监测预警机制

建立水资源承载能力监测预警机制是摸清各地区各流域水资源承载能力、核算经济社会对水资源的承载负荷、评价水资源承载状况、对水资源超载地区实行针对性的管控措施。为建立黄河流域水资源承载能力监测预警机制，近年来黄河水利委员会建立了黄河水资源管理台账制度，其主要内容包括：各省（区）年度黄河水资源的开发利用情况、流域机构和省（区）各级水行政主管部门黄河取水许可审批耗水总量核算情况、国家分配省（区）黄河耗水指标剩余情况、拟建重点项目黄河水指标解决途径。建立台账管理制度的目的是将黄河水利委员会和省（区）水行政主管部门每年审批的各行政区域取水许可水量指标进行对接，明晰各行政区域已用和预留的黄河水指标情况，为分级总量控制奠定基础。通过加强取水许可总量控制，目前黄河取水许可审批各省（区）耗水总量基本控制在黄河分水指标之内，没有出现失控现象，也减少了不考虑水资源条件盲目新建、扩建黄河引水工程的情况。

目前，黄河流域水资源台账制度仅限于对流域内各行政区域地表水资源的管理，今后要建立取水许可动态调整管理机制，按照实施最严格水资源管理制度的"三条红线"开展地表水与地下水相统一的水资源承载能力评价，并对水资源超载地区提出针对性的管控措施。

（五）深化黄河水权转让

积极探索破解缺水地区水资源瓶颈的途径和方法。2003 年，黄河水利委员会在无剩余黄河分水指标、严重缺水的宁夏与内蒙古推行对黄河水权进行转让的试点工作。一般而言，这项工作的主要内容就是通过新增的工业用水项目对农业用水进行投资，降低农业用水过程当中出现的损耗，通常情况下，可以通过对工业用水项目进行有偿转让，使得新建的工业项目能够在不增加新的黄河用水指标的前提下满足自身所需的引黄用水需求口。2009 年，黄河水利委员会对 2004 年制定的试行规定进行了修改完善，制定了《黄河水权转让管理实施办法》，进一步规范了黄河水权转让的技术论证、行政审批和评估核验工作。

1. 扩大水权转让范围

除宁夏、内蒙古新增引黄用水项目一律通过水权转让获得黄河用水指标外，2015 年甘肃批准了首个黄河水权转让工业用水项目。此后随着越来越多的省份无剩余黄河水指标的情况出现，黄河水权转让的范围还将进一步扩大。

2. 拓宽水权转让节水方式

以往开展的水权转让主要采取渠道衬砌的常规节水方式，2009 年内蒙古鄂尔多斯市南岸灌区、2016 年阿拉善盟孪井滩灌区都尝试开展了设施农业和喷滴灌的高新节水方式。

3. 改进水权转让模式

初期开展的水权转让，多采取"点对点"的模式，即一个工业用水项目对应一块出让水权的灌域，这种模式的优点在于水权对应关系清晰、便于建设和核验，其缺点是：一个大的灌区节水潜力大，可出让水权，以满足多个工业项目的用水，"点对点"建设节水工程易"插花分布"，整体节水效果受到影响。2005 年启动的鄂尔多斯水权转让一期工程采取了"面对点"的模式，即在一个大灌区内统一规划安排节水工程建设，实现节水效果的最大化。2009 年开展的鄂尔多斯水权转让二期工程、2011 年启动的包头市水权转让一期工程以及 2014 年开展的内蒙古河套灌区沈乌灌域跨盟（市）水权转让试点工程均采取了"面对点"的模式。

4. 启动跨行政区域水权转让试点工作

在一个行政区域内部开展水权转让，出让水权仍留在该行政区域内，行政协调上相对容易；跨行政区域的水权转让，出让水权流转到其他行政区域，地区间协调难度大。自 2003 年在内蒙古自治区开展水权转让以来，大部分地区的引黄灌区的节水潜力已经所剩无几了，但是部分地区对于引黄用水还有着十分强烈的需求，这就需要当地重点考虑水权的转让，因此，内蒙古河套灌区沈乌灌域跨盟（市）水权转让试点得以启动，计划用 3 年时间完成试点，拟采取渠道防渗衬砌、畦田改造、畦灌改滴灌 3 项节水措施，将节约的水量扣除灌区超用的水量后再转让给鄂尔多斯工业项目，目前试点工作正在按计划实施。

（六）加强水资源监控和业务应用系统建设

提升黄河水资源管理的现代化水平，落实最严格水资源管理制度、精细化管理与调度黄河水资源，对流域水资源管理能力提出了更高的要求。在"十二五"期间，黄河流域的水利委员会在之前的黄河水量调度管理系统的建设基础上又在很大程度上对黄河流域的水资源管理的信息化建设进行了深入推进，以确保更好地通过信息化推动黄河流域水资源管理的现代化。

1. 建设黄河水量调度管理系统

在 2002 年至 2005 年之间，为了更好地满足初期的黄河水量调度工作的需求，从根本上防止黄河下游出现断流的情况，我国在黄河下游建设了相应的黄河水量调度管理系统，并为之配套开发了相应的调度决策支持系统，甚至于伴随着之后的调度范围拓展以及较高的调度要求，在 2012 年至 2015 年之间，建设范围扩展至黄河上中游，主要建设内容分为四个部分，分别是信息采集系统、通信与计算机网络系统、决策支持系统和总（分）调中心调度环境建设。

通过这一建设项目，十分有效地借助远程监控系统对全河干支流的 187 个重要引退水口进行监控，并且有效监测了干流引水量的 90% 以及宁蒙退水量的 70%，重要控制性水文站低水测验精度提高，能够更加全面、及时地获得相关水信息，还能通过这一系统在网上对相关水调业务进行处理，使得调度方案的编制更加方便快捷，从而更好地对水调的突发事件进行及时处理。

2.启动国家水资源监控能力项目建设

为了更好地推行严格的水资源管理制度，水利部启动一项名为国家水监控能力的建设项目，其中的重要的部分就是黄河流域。在这一建设项目中，主要建设内容分为三个方面：其一是省界断面水量水质监测；其二是水功能区监测；其三是水资源监控管理信息平台建设，值得注意的是，在建设相关平台时，要考虑到对系统硬件设备与商业软件配置的建设，并且还应为其开发五类合适的数据库，以及相应的决策支持系统，建设水资源管理监控平台并加以整合，使得黄河流域能够与中央以及各省区的系统实现信息之间的共享与互通。

借助于国家水资源监控能力建设项目，黄河水利委员会对其所监管的 127 个重要的水功能区监测面积有所提高，值得注意的是，现阶段已经建造的 61 个省界水文断面水位流量信息已经实现了总体接入。在此基础上，通过平台的系统建设以及相应的资源整合，我们成功实现了与相关机构之间的水资源管理信息的互通与互联，由此，就在一定程度上，对黄河流域的省界断面以及较为重要的水工程区进行了有效的监控与管理，更好地确立与实施了相应的国控省界断面监测体系，通过将现阶段已经建造完成的黄河水量调度管理系统与黄河流域国家水资源监控能力项目进行部分整合，更好地实现了水资源管理的基础数据的统一共享。

目前，黄河水资源的开发利用与管理在不断地深入，因此我们之后将面临的最主要的难题就是缺水，由此所衍生出来的与黄河水资源管理相关的任务也会越来越繁重，并且，对于相应的能力与处理手段的要求也会越来越高。在之后的黄河水资源管理工作中，面对日新月异的形势与要求，需要我们不断地对相关的制度与机制进行创新改进，并积极主动地研究突破水资源瓶颈的新的途径与方法。

第四节　黄河流域水沙调控体系变化

一、当前黄河流域水沙情况

经过研究发展，相较于 1980 年至 2000 年之间的黄河流域的降水量，1956 年至 1979 年间黄河流域的降水量减少了 6.9%，并且地表径流量也有所减少，共有

14.5%，经过对比可以发现，径流量的减少幅度要远远大于降雨量的减少幅度。经过相关专家学者的研究，我们可以明确的一点是，在未来黄河流域还会出现水量减少的情况，推测在平水年将会是 180 亿—200 亿 m³，枯水年将不足 100 亿 m³。值得注意的是，位于黄河之上的众多骨干水库的库容有 517 亿 m³，有效库容 286 亿 m³，并且伴随着古贤、碛口水库的建成，库容还会增加近 300 亿 m³。近些年来，入黄河泥沙已经明显减少，甚至于这种减少的趋势还在不断地加快，根据测算，我们可以确认，之所以会出现泥沙减少的情况主要是因为认为的水保工程的作用，还有一小部分原因是黄河流域的降水的影响。

通过对以上数据深入研究，我们可以知道，长时间以来，黄河的水沙情况发生了很大程度的变化，值得注意的是，这种变化主要是因为黄河的水量与沙量都在同比例地减少，但是水沙之间所存在的不协调变化并不明显，尽管有变化，也只是在某一河段。总的来说，黄河水沙不匹配与不协调的问题一直都存在，只是因为现如今人们对黄河有着更高的需求与期望，所以问题就获得了更为广泛的关注。在我国对黄河多年治理下，我们已经对黄河的水沙调控能力有一定程度上的控制，但是相应的体系并不完善，甚至可能还没有形成体系，而且值得注意的是，理想与现实的要求之间有着非常大的差距。水沙调控的相关试验能够将水沙调控体系的建设以及运用中的问题暴露出来，我们希望水沙调控体系本身所起到的作用能够与现在对治河的要求进行呼应，使之发挥更为明显的作用。

二、黄河流域水沙调控体系总体布局和运用目标

（一）黄河流域水沙调控体系总体布局

随着近年来社会经济的发展，我们对黄河流域综合规划也进行了持续性的修改与完善。为了更好地对黄河进行治理，并在一定程度上提高对黄河流域的防洪与除涝等能力，我们对于水沙调控体系进行了总体布局，主要情况如下：将干流龙羊峡、刘家峡、大柳树、碛口、古贤、三门峡、小浪底七大控制性骨干工程作为主体，将海勃湾、万家寨水库作为补充，使之与支流陆浑、故县、河口村、东庄水库一起构成黄河水沙调控体系。通过大柳树水库对龙羊峡与刘家峡的

下泄水量进行反向调节，除此之外，还能够对相应的黄河流域的水资源进行一定程度上的合理配置，使之能够为黄河流域中下游的水沙关系进行协调并提供水量。值得注意的是古贤、碛口水库能够在一定程度上对北干流河段的来沙进行调控，通过减少流入黄河下游的粗泥沙有效降低黄河下游的河道淤积情况。并且通过与小浪底水库联合进行调水与调沙，持续性地维护黄河下游河道中水河槽的行洪输沙功能。除此之外，还能够使小北干流河段受到明显的冲刷，从而有效恢复小北干流河段主槽过流能力，以及使得潼关高程得到明显的下降。也能够有效减轻中下游的防洪泄洪压力，为小北干流河段进行大规模的放淤提供条件。海勃湾水库在面对内蒙古河段突发凌汛险情的时候，借助对泄洪量进行控制的同时，还能够在大柳树水库的调水调沙，对自己进行补水调节。万家寨水库本身处于上游子体系与中游子体系之间，这就使得它本身承担着承上启下的作用。作为黄河下游区域防洪工程体系中最为重要的一部分，河口村水库能够为黄河下游的调水调沙工作奠定有利的条件。除此之外，东庄水库本身也能够对泾河泥沙进行一定程度上的控制，由此就能够通过降低为河下游的泥沙淤积情况而减轻下游的防洪压力。

（二）黄河水沙调控体系运用目标

通常情况下，为了维护黄河本身的健康以及支撑当地经济社会发展，我们要实行黄河水沙调控体系联合调控，一般而言，会从以下三个方面来进行。

第一个方面，对水沙关系进行协调，从而能够确保输沙通道的流畅，保持调节水库的库容。通过对水沙调控体系的联合运用在一定程度上减轻黄河下游的河道淤积；通过利用多水库之间的联合应用减少库区的预计，从而能够持续对水库的有效库容进行调节。

第二个方面，对洪水进行有效的管理，从而确保行洪的安全。在黄河发生大规模洪水的时候，我们可以通过黄河水沙调控体系进行联合调度，从而削弱相关河段的洪峰流量，在一定程度上减轻黄河的防洪压力。在发生一般性的洪水时，不但能够利用调水调沙塑造与维护中水河槽，还能够对后汛期的洪水进行一定程度上的拦蓄，从而确保下一年遇到用水高峰期或者调水调沙时的蓄水量。对洪水进行管理，不但能够确保防洪安全，也能够在黄河流域遇到长时间的枯水期或者河道严重淤积萎缩的时候人为地塑造洪水，以期维护河道本身基本的排洪输沙功能。除此之外，在防凌运用的时候，也能够对凌汛期流量进行有效的控制，从而有效减少河道槽的蓄水量，有效减轻防凌压力。

最后一方面是需要维持生态流量，支撑河道外的用水。对河道内的流量进行一定程度上的控制，以确保有效维护河道内处于非汛期时的流量。除此之外，还需要对主要断面下泄水量进行有效的调控，使之能够更好地支撑城乡的居民生活、农业与工业的用水，并且能够有效支撑起黄河流域及其周边地区经济社会的可持续发展。

三、黄河流域水沙调控面临的问题

我国在 20 世纪 60 年代就在黄河流域建立了较为完善的水沙调控体系。为有效解决黄河流域的水土流失问题，我国在黄土高原付出巨大，还在黄河的干支流建成了众多重要的水库以期实现水沙调控工程，并获得了良好的效果。因为治理工程的推进，我国黄土高原的林草覆盖率已经有了明显的增长，并有效减少了入黄泥沙。在小浪底水库多年开展的调水调沙工程有效地抑制了黄河下游的河道主槽不断萎缩的问题，并促进了主槽的过流能力的恢复。值得注意的是，尽管我们对黄河流域的水沙调控有着十分明显的效果，但是伴随着入黄泥沙的大幅度减少，现阶段的黄河水沙调控措施与沙量趋势存在着十分明显的不协调，出现了很多需要解决的问题。

（一）黄河上游河道淤积萎缩与新"悬河"问题

处于黄河上游的宁蒙河段，本身是由峡谷河段与平原河段共同构成的，值得注意的是，我们一般认为，内蒙古河段是十分典型的平原冲击性河段。在 20 世纪 80 年代之后，因为这一河段出现了极为严重的淤积，使得河道萎缩，从而导致河床比背河地面高出 4 至 6 米，内蒙古河段的主槽过流能力在这种情况下受到抑制，从而导致之后的时间里发生了多次凌汛决口与汛期决口，这就为当地的防洪工作带来了非常严重的压力。

　　为了更好地解决黄河流域的水资源的供需矛盾，相关部门在黄河流域的上游区域修建了龙羊峡、刘家峡等控制性的水库。这些水库能够在丰水期进行蓄水，在枯水期开闸放水进行补水，从而有效改善黄河上游的水沙过程，汛期有利于输沙的大流量过程锐减。在 1968 年的时候，刘家峡水库蓄水运用之前，黄河上游兰州断面汛期与非汛期水比为 6 ：4 ；一直到 1986 年龙羊峡水库蓄水运用之后，兰州断面汛期与非汛期水量比已经转变为了 4 ：6 ；兰州断面年均大流量过程的天数也从 1985 年之前的 29.5 天，降低至 1986 年至 1999 年的 3.7 天，到 2000 年至 2017 年兰州断面几乎从未出现过大流量过程。由此导致进入宁蒙河段的大流过程逐渐减少，在一定程度上减弱了水流输沙的动力，最终使得内蒙古河段的淤积出现萎缩的情况。

（二）黄河下游滩区治理策略与高质发展要求不适应

　　因为长时间的泥沙淤积以及相应的堤防建设，黄河下游地区的两岸大堤之间已经出现了面积较为广阔的滩区。值得注意的是，这一摊区不但是在黄河的洪水泛滥时进行行洪、泄洪等地方也是在民众得以生存的空间。现阶段，基于对黄河滩区的治理政策，大多数居住于此地的民众都要进行外迁安置，但是因为多方面的影响，搬迁工作十分困难，这也就使得当地民众长时间受到水患的危险。

　　治理黄河流域的任务中最为重要的一项，黄河下游区域的河道防洪与探区治理应当得到重视。现阶段，对于相关区域的治理政策有着"宽河固堤"与"窄河固堤"的争论，之所以出现此种争论，是因为不同的人对于未来进入黄河下游的沙量有着不同的预测情况。在 2013 年，国务院发布的《黄河流域综合规划》[①]就认定了"宽河固堤"的政策。

　　黄河下游以宽河固堤为基本格局的治理策略与未来沙量不匹配；与此同时，需要注意的是，若是对生产地进行拆除，就会涉及多个方面的问题需要解决，但若不拆除，那么滩区的安全建设就不能够得到保障，这也会导致蓄洪滞洪的效果不尽如人意，在滩区的未来安全得不到保障的情况下，将会严重地制约滩区的发

---

① 水利部黄河水利委员会黄河流域综合规划（2012—2030 年）[M]. 郑州：黄河水利出版社，2013.

展，也就不能够使黄河流域获得高质量的发展。

（三）黄土高原水土流失治理区域不均衡

在多年来的努力下，黄土高原水土流失情况的治理已经获得了较为显著的效果，但是值得注意的是，在进行水土流失治理的过程中，还存在着一些需要改进的地方。

1. 土壤干旱化

通常情况下，为了更好地治理黄土高原的水土流失情况，我们会采用植树造林的方式，对相应的植被加以恢复。黄土高原本身所处的地带为半湿润与半干旱过渡带，在这一区域，植物生长所需的直接水分来源于土壤中存在的水分，值得注意的是，如果人工植树造林所营造出的植被覆盖度超过特定的阈值，就会使得植物对土壤中水分的吸收远大于降水对土壤的水分补给，导致土壤环境出现干旱化以及大面积衰退等问题。这就是说，黄土高原的植被恢复最大的条件就是降水，所以我们在选择相应手段使黄土高原的植被恢复时，应当"因水制宜"。

现阶段，受制于部分地区的降水条件，应当在主要进行封禁的区域之内开展大规模的植树造林活动，要时刻注意，绝对不能够出现"年年种树不见树""小老头树"等情况。

2. 治理格局空间不均衡

根据黄河流域内黄土高原的区域自然特征以及相应的侵蚀环境情况，我们通常会将黄土高原划分为九种类型区，并针对不同的类型使用不同水土流失的治理方式。但是值得注意的是，现阶段，黄土高原水土流失相关治理目标与措施并没有明确的分类与统筹，甚至会出现以下种种情况，比如在应当进行封禁以便恢复草原的区域大规模植树造林，或者是在应当进行拦沙减蚀的流域未能建设淤地坝工程等等，由此，在很大程度上使得区域治理不平衡。

3. 水土流失问题

在很长一段时间内，我们通过以小流域为单元的形式，对黄土高原进行综合治理，获得了十分明显的效果，有效减少了汇入黄河的泥沙。但是也存在很多问题，比如山区放牧、退耕还林反弹等现象。如此多的问题，也在一定程度上显示出传统的水土流失治理模式有着一定的缺陷，比如目标较为单一以及与社会经济发展的融合度并不高等问题，在对水土流失治理的过程中，对当地的农民收入并没有促进作用，这就使得当地农民获得感不强，水土流失治理与黄河流域的高质量发展要求还在一定程度上存在着差距，这也要求我们应当深入思考怎样实现高质量发展。

四、黄河流域水沙调控的关键策略

目前黄河的来水来沙过程和通量均有重大改变，尤其是入黄泥沙急剧减少，黄河的水沙运动与河道演化的规律发生了新的改变，并且具有一定的趋势性，对黄河流域的水沙调节具有重要的作用。因此，本研究就黄河流域水沙调控中存在的主要问题，提出以下几点控制对策。

（一）完善黄河水沙调控体系

在新的历史时期，黄河的主要管理措施是建立更完善的水沙调控体系，调节黄河流域干流河道的输水输沙基本通道规模，以确保黄河河道基本的输水输沙能力。控制性水库是调节黄河水沙的重要手段。目前，黄河上游刘家峡水库到头道拐断面1440km的河段由于缺乏一座承上启下的控制性水库，小浪底水库总淤积量在2020年汛末已经达到了42.8%的水库设计拦沙库容，存在着未来调水和调沙能力不足的问题。可见，水沙调控工程体系有待进一步完善。

1.推进黄河上游河段治理

黑山峡河段地处黄河上游甘肃和宁夏的交界处，是一个很好的水库建设区域。在黑山峡流域实施控制性水利工程，配合黄河上游龙羊峡和刘家峡水库进行调水调沙，形成有利宁蒙河段泥沙运移的水沙过程，可以使内蒙古河段平滩流量恢复并长期维持在2000~2500m³/s，能有效地缓解宁蒙河段"悬河"淤积和萎缩，从而减少防洪防凌的安全隐患。为中游骨干水库的调水调沙和恢复有效库容提供了良好的水流动力条件，使黄河上、中、下游得以有效联动。黑山峡河段整治工程虽然经历了数十年的努力，但在工程功能定位、施工方案等方面的前期论证工作并未取得很大的成果，因此，应把黄河水沙调控与南水北调工程相结合，加速黑山峡工程河段治理工程的前期论证工作。

2. 优化黄河中游枢纽开发

小浪底水库是当前黄河中下游地区唯一一座能够综合利用、调节水沙的水利枢纽,其库容极为宝贵,对黄河下游防洪、生态、供水等具有重要意义。在小浪底水库蓄沙量未达到饱和之前,必须在黄河中游流域修建一座控制性水库,并与小浪底水库共同实施水沙调节,黄河中游古贤水利枢纽的建设条件良好,并已经过了70多年的论证。该项目的竣工将彻底改变黄河小北干流河流的泥沙淤积状况,对黄河中游地区的潼关高程也有一定的影响;古贤水库和小浪底水库的联合调度,可以有效地解决小浪底水库调水、调沙后继动力不足的问题,可以在较长时间内保持下游河槽的行洪输沙能力,减轻"二级悬河"的不利影响。但根据黄河来水来沙趋势分析,今后古贤水利枢纽坝址断面以上的泥沙流量要比规划设计的要少得多,而且库容也显著偏大。因此,应根据黄河未来水沙情况,对古贤水利枢纽的发展目标及规模再一步优化,并尽早开工。

(二)开展黄河滩区分区治理

随着黄河中游古贤、东庄等控制性水库的投入使用,黄河下游入沙量、洪峰流量将显著减少,洪水漫滩的可能性也将大大降低。黄河下游滩区具有分区治理和部分滩区被释放的条件。

1. 试点滩区分区治理

首先要保持黄河大堤现状并确保大堤外防洪安全,在此基础上再选取合适的河段进行滩区分区治理试点工程。在天然滩区充分利用现有的生产堤坝和其他防洪设施,建立一定的防洪子堤,形成封闭的蓄洪区;在防洪子堤和其上、下游适宜的位置设置分洪、退水设施,并按防洪安全需要和实时洪水情况,有选择地进行分洪、滞洪和沉沙;分蓄洪区外的滩地是居民居住、生产、生活的地方。

2. 改造下游河道

根据黄河下游今后的水文地质情况,逐步拓宽黄河流域的区域划分整治试验区域,并在此基础上利用现有的生产堤和控制工程,在黄河下游地区修建两个导堤,使下游河道宽度达到3~5公里,流量可达8000~10000m³/s;在黄河大堤与防洪堤之间的滩区，采用隔堤、公路等建设滞洪区，以分滞超过 10000m³/s 的洪水；黄河下游地区除了新建的滞洪区外，应整治所有滩区，使之成为永久性的安全区，从而根本上解决黄河下游滩区防洪利用与高质量发展需要之间的矛盾。

（三）调整黄土高原治理格局

在黄土高原上，仍然要坚持实行退耕还林还草和淤地坝建设等方面的政策。但目前土地利用中仍存在着以造林种草为主，但部分地区不符合自然法则、区域措施不匹配、治理不平衡、重项目措施轻管理、治理目标与方式不能带动乡村振兴等问题，为解决这些问题，本研究提出以下建议。

1. 调整水土保持措施

在黄土高原的水土流失治理和生态建设中，林草植被、梯田和淤地坝等工程的减沙作用均有临界效应。一方面，治理黄土高原水土流失不能使泥沙量降至 0 或更低；另一方面，林草植被、梯田、堤防等工程也要有一定的治理度，一旦超出治理度便会使水土保持的边际效益非常低。从黄河干流河道来看，通过采取中游水保措施，使入黄泥沙大大降低甚至接近于清水的水平，将使黄河中下游河段出现严重冲刷、河湾畸形发育等严重威胁到河段防洪安全的问题；黄河河口还将面临严重的海岸侵蚀和海水入侵，严重影响着河口的生态环境及其稳定性。因此，从流域与河道系统的角度出发，必须在保持一个合理的"度"的基础上治理黄土高原水土流失，使其在流域内的产沙量与河道输沙量之间达到相对平衡。在此基础上，应基于黄土高原九大类型分区特征及水土保持效果临界状态阈值，对各分区水土流失治理程度进行科学的划分，并结合分区水土保持的实际情况，对黄土高原治理格局进行相应的调整。

2. 创新融合发展模式

进一步探讨水土流失治理的多渠道多元化投入机制，不仅要增大中央财政的投入，在各级政府的公共财政框架内，建立水土保持生态建设基金；同时，鼓励社会力量通过承包、租赁、股份合作等方式参与土壤治理 I 期建设，引导民间资金投入水土流失治理中，提高政府治理效率，推动产业发展，改善人民的居住条件，让治理成果造福广大群众。

第三章　黄河不同河段变化的动态分析

本章主要是对黄河不同河段变化的动态分析，从三个方面进行阐述，分别是黄河上游地区资源动态评价、黄河中游地区水土问题研究以及黄河下游地区生态治理与发展分析。

第一节　黄河上游地区资源动态评价

一、黄河上游地区概况

黄河是我国的第二大河流，主干长度 5464 公里，发源于青藏高原，最后汇入渤海，整个流域面积达 79.5 万平方公里。依据流域形成和发育的地理、地质条件和水文情况，黄河主干可分为上游、中游、下游。黄河上游地区是指青藏高原源头处到内蒙古托克托县河口镇之间的流域范围，唐乃亥水文站以上地区为源流区，以青藏高原草甸草原为主，是畜牧业的重要区域。

（一）自然状况

黄河上游地区分为青藏高原、黄土高原、河套平原三个地形区，地势总体上是西南高，东北低，起伏大。甘青地区位于青藏高原至黄土高原的过渡地带，地势破碎、土壤疏松、黄土覆盖厚度大、森林和草地发育迟缓、人为活动频繁、降雨稀疏、植被状况差、水土流失严重。其他以河套平原地区为主，地势相对平缓。龙羊峡到兰州地区的植被以温带草原为主，青海和甘肃临夏、甘南等地分布着少量的高山草甸，临潭县、卓尼县、岷县等地则是以阔叶林为主，土壤类型主要是栗钙土、高山土、钙层土、黄绵土、黑骨土、灰钙土和灌淤土。

本区地处中纬度地区，地处干旱、半干旱气候区，远离海洋，具有显著的大陆性气候特点。冬季持续时间长，夏季持续时间较短，日差温度较大。气候时空分布不均，由于蒙古—西伯利亚高压的作用影响，冬季有强烈的西北风，因此低温、降水较少；夏季则是由于副热带太平洋高压的作用，气候温和，东南风盛行，温暖湿润，年降水量多在 6 到 9 月份，占超过 75% 的年降水量。研究区降水存在明显的差异，多年来的平均降雨量由青海 446mm 下降至河套平原 170mm。光照充足，全年日照时间一般在 2000 至 3300 小时之间，年平均气温 7.5 到 8.5 摄氏度，年积温 3000~4000 摄氏度。

龙羊峡到河口镇黄河干流全长 2039km，流域面积约 29.6 万 km^2，占全流域总面积的 37.2%。龙羊峡与河口镇的地势相差很大，河流水系的分布是多种多样的，流域内主要水系状态为树枝状。流域有许多分支，上游的两条一级支流为湟水和洮河，而祖历河、庄浪河、清水河、苦水河等小型河流都是较小支流。湟水的源头是青海省海晏县的包宝呼图山，主干河流全长 374km，总面积 0.32 万 km^2，在刘家峡至八盘峡之间与黄河汇合。洮河发源于青海省西倾山东麓，全长 673km，流域面积 2.55 万 km^2，年径流量 53 亿 m^3，是研究区段内水量最多的支流。刘家峡与八盘峡间有两条大支流湟水与洮河汇入，使其水量得到了显著提高。甘青部分地形起伏大，河道落差大，水能资源丰富，而宁蒙地区地势平坦，适合发展农业。

该流域具有丰富的自然资源和水资源的天然优势，龙羊峡、李家峡、刘家峡、沙坡头、三盛公等十多个水利枢纽在黄河干流上建成。此外，在湟水、洮河、大通河等支流上，还修建了大量的水利设施，保证了沿岸和周围地区城市的发展。刘家峡以下地区进入黄土高原，河道泥沙逐渐增加，成为黄河泥沙的主要源地。同时，有色金属、铁矿、煤炭等矿产资源在国内也是数一数二的，且具有很大的发展空间和开发潜力，其中宁蒙地区不仅是我国内陆干旱、半干旱地区能矿资源丰富、能源原材料产业集中的典型地区，也是我国重工业城市的聚集地。湟水、洮河是龙河间主要的两条大支流，湟水及其支流大通河流经西宁市、海东市、门源县等首要发展农业的区域，是这些地区灌溉用水的主要来源。

（二）社会状况

研究区地跨青海、甘肃、宁夏和内蒙古，与东部相比，该区域内的经济发展相对滞后。黄河主干经过甘肃兰州和宁夏银川，支流湟水经过青海省会西宁，和其他城市相比，省会城市和工业城市包头发展情况更好一些。西宁市位于青海段，是古代"丝绸之路"的重要通道，也是青海省的政治、经济中心；兰州市位于甘肃段内，是我国西北部重要的工业基地和交通枢纽，同样是丝绸之路经济带的重要节点；宁夏银川市是我国西部对外开放的重要窗口，是亚欧大陆桥经济走廊的中心城市。

根据研究区内各省统计年鉴、统计公报等资料，以研究区内的整体县域为基础，对区域内的社会发展情况进行分析。2018 年，研究区共有人口 2184.94 万人，城市人口 1324.28 万人，而 2002 年城市化率只有 36.18%，2018 年已达 61.09%，可见城市发展之迅速；2018 年研究区产业以第三产业为主，第二产业紧随其后，而第一产业比重最低，三种产业结构比为 5∶41∶54；2002 年人均收入水平为 7224.8 元，2018 年已达 7.05 万元，其中包头市人均收入水平为 18.93 万元，是研究区人均收入水平的 2.68 倍。

黄河干流上有十多个大型水利工程，这些水利枢纽对区域内社会经济发展起到了很好的支持作用，所有水电站全年总发电量达到 497.8 亿千瓦时，可以为青海西部、河西走廊和黄河沿线地区持续供电；该工程蓄水功能良好，总库容达 352.98 亿 m^3，同时具有一定的防沙治淤作用，对黄河干流的泥沙起到了很好的调控作用；在这些水利工程中，宁夏青铜峡水利枢纽规模最大，灌溉面积 36.67 万公顷，极大程度上缓解了旱区农业发展巨大的灌溉用水需求。

二、黄河上游地区水资源的动态评价

（一）黄河上游地区水资源概况

黄河上游位于内蒙古托克托县河口镇之上，境内有 43 条较大的支流，其总径流量为黄河 62%。因降雨强度小、蒸发量大、引灌和河道渗漏等原因，导致了黄河上游地区水资源的持续下降。

　　黄河灌溉了全国 15% 的耕地，并将 2% 的径流水量提供给全国 12% 的人口。近年来，黄河地区的经济发展迅速，大量的工业废水，生活污水，施加了大量化肥、农药的农业污水等都未经处理而直接排放到黄河中，使黄河上游的水质更加恶化，对黄河生态环境造成了极大的影响，降低了工农业产品的质量，危害到了人民的身体健康。黄河水利委员会虽然已经实施了黄河流域水资源的统一调度，但水量却一直在下降。黄河流域水资源供求关系十分不均衡，供求关系日趋紧张。

　　河套平原与宁夏平原是黄河上游地区主要的引黄灌溉农业地区。我国水资源短缺以及不合理的开发利用致使生态环境不断恶化，水土流失严重，土地荒漠化也日益严重，已经成为影响我国社会经济发展的重要因素。所以，黄河治理的速度必须加快。河套灌区是我国三大灌区之一，位于黄河中上游内蒙古段北部的冲积平原。河套灌区位于我国西北高原，由于气候干燥，雨量较少，每年的蒸发量是降水量的 14 倍，近年来引黄灌区调水约 50 亿 m³，是黄河过境水量的七分之一。宁夏素有"塞上江南"之称，引黄灌区拥有两千多年的灌溉历史，已跻身全国 12 大商品粮生产基地，是我国主要粮棉油生产区域。

　　近年来，随着我国经济的发展、人口的不断增长、社会的不断进步，水资源的紧缺已经成为一个严重的制约因素，对地区经济和社会可持续性发展造成了不利影响。因此，对引黄灌区的水资源进行合理优化分配就显得尤为重要。宁夏引黄灌区以青铜峡水利枢纽为界，划分为上游卫宁灌区、下游青铜峡河灌区，卫宁灌区行政区以中卫市为主；青铜峡灌区的行政区划范围为：银川市，石嘴山市，吴忠市。

　　《黄河水资源公报》[①]2010—2019 年的统计资料显示，黄河上游地区的年平均降水量为 1584 亿立方米；最大年降水量为最小年降水量的 1.5 倍，变化幅度大，最大径流量为最小径流量的 3.27 倍。黄河上游地区降雨量时空分布不均匀，主要为东南风，降雨主要集中在 6—9 月，在年降水量中占比超过 75%；冬天盛行强烈的西北风，所以气温低且降雨少。黄河上游地区的水资源年均 361 亿 m³，其中地

---

　　① 刘德智，李瑞彩 . 基于模糊数学的水资源价值评估及应用——以滹沱河流域河北段为例 [J]. 石家庄经济学院学报，2015，000（003）：44-49.

表水资源量 342 亿 m³，地下水资源量 181 亿 m³，重复计算量 162 亿 m³。2019 年黄河流域水量丰富，为 1986 年以来的最大年径流量。以 2019 年人口进行计算，黄河上游地区人均水资源拥有量为 839.4m³，而全国人均水资源量为 2077.7m³，约为黄河上游地区人均水资源量的三倍。从人均水资源占有量的角度来看，黄河上游存在着严重的水资源匮乏问题。

黄河流域拥有得天独厚的自然资源和丰富的水资源。在黄河干流区域，已经建成了十几个水电开发枢纽，如龙羊峡、李家峡、刘家峡、沙坡头、三盛公等，以及在湟水、洮河、大通河等支流上修建了大量的水利设施，为下游及周边乡镇的建设奠定了良好的基础。刘家峡下游已处于黄土高原地区，河床淤积逐渐增多，是黄河流域主要的泥沙来源，并盛产有色金属、铁矿、煤炭等矿产资源，储量居全国前列，发展潜力巨大。宁蒙地区是我国内陆干旱半干旱地区中能源资源丰富、能源原材料工业集中的典型区域，是全国重点工业基地。湟水和洮河是龙河间的两条重要支流，湟水和其支流大通河途径西宁市和海东市，并提供充足的农业水资源给重要农业生产区。

黄河流域的水利建设对区域经济社会发展具有重大影响，总发电量接近五百亿千瓦时，为青海西部、河西走廊、黄河沿线城市等地区提供了可靠的电力保障。水利总库容量大，在调洪、蓄水、防沙、治理淤积等方面起到了很好的效果，对黄河泥沙问题的治理有着显著的促进作用；部分水电站还具有一定的灌溉功能，特别是宁夏铜峡水利枢纽，其范围最广，并为干旱地区的农业用水提供了保障。

（二）水资源生产价值评估方法

能值是指在流动或储存的能量中所含有的另一种能量。具体来说，就是用"太阳能值"来衡量一种能量的能值，它是指在任何一种流动和储存的能量中都含有太阳能，也就是这种能量的太阳能值。能值分析是以能值为基准，对其在生态经济系统中的地位和作用进行评价，对生态经济胸中各种能量流动、物质流动、货币流动、人口流动、信息流动等进行计量与分析，总结出一系列能值指标，并对生态经济系统的结构、功能特性、生态经济效益进行量化。

在水资源农业生态经济体系能值网络、水体能值转换率等方面研究成果的基础上，以水资源生产价值内涵为依据，运用能值分析法评估农业水资源的生产价值。水资源是农业生产中需要被大量消耗的重要物质资源，结合太阳能、风能、劳力、能源等多种资源可以促进农业的发展，并提高农业生产效益。在农业生态经济系统中，农业水资源的生产价值是指水作为一种生产要素在农业生产过程各项经济活动中其所占的贡献份额，可以根据农业生态经济系统投入产出能值、用水量、用水能值和能值货币比率来计算获取。

（三）黄河上游水资源价值评估

以黄河上游 2010—2019 年各地市农业生态经济系统水资源生产价值平均值[①]为基础进行分析，以省区为划分，内蒙古自治区的呼和浩特农业生态经济系统水资源生产价值最高为 1.507 元 /m³，阿拉善盟最低为 0.292 元 /m³，即将黄河上游地区的每一立方米水资源作为生产要素，其在 2010—2019 年间，平均每年对呼和浩特农业生态经济系统经济活动的生产贡献为 1.507 元，对阿拉善盟为 0.292 元；鉴于数据资料的可获得性，青海省仅量化西宁市 2010—2019 年农业水资源生产价值均值为 0.190 元 /m³；宁夏回族自治区的银川市最高为 0.174 元 /m³，固原市最低为 0.086 元 /m³，省平均值为 0.142 元 /m³；甘肃省的平凉市最高为 0.206 元 /m³，甘南州最低为 0.044 元 /m³，省平均值为 0.106 元 /m³。

总体而言，内蒙古和宁夏省会城市是经济、科技和文化的中心，工业、农业产业结构合理，基础设施完善，招商引资力度大，具有较高的水资源农业生产价值。银川被誉为"塞上江南"，在全省都具有明显的农业生产优势，在宁夏回族地区中农业水资源生产价值最高。青海省省会西宁位于湟水河谷地区，土地肥沃、水土条件优越，在青藏高原农业种植区中具有最高的农业生产效率。甘肃段兰州市与周边城市相比，其农业用水价值较低。省会城市的用地更多地用于建设和服务业，而农业用地较少。与之形成鲜明对比的是周边城市拥有的丰富土地资源，受省会城市工业生产的辐射作用，能够为农业生产提供近程的机械动力和节水型设备，并具备高效节水的功能。省会城市人口密集，农产品需求旺盛，消费

---

① 孙吴敏 . 黄河上游农业水资源生产价值评估 [D]. 内蒙古财经大学，2022.

能力强，促进了周边城市农产品深加工产业链的发展，有利于农产品质量和数字园农业生产价值的提高。

三、黄河上游地区草地经济分析

草地生态系统是全球陆地生态系统的重要组成部分，占全球陆地总面积的四分之一到三分之一。我国占地最大的生态系统便是草地生态系统，它在维护我国生态系统的格局、功能和过程中起着举足轻重的作用。黄河上游地区草地是从初级生产转化为次级生产的必经之地，它在保护生物多样性、调节气候、涵养水源、营养物质循环、废弃物降解和环境污染等方面发挥着至关重要的作用。目前，我国各大牧区的草地普遍存在着不同程度的退化。草地退化和水源地环境的恶化使群落物种组成发生变化，物种多样性下降，功能群物种减少，盖度和丰富度下降，草地生产力下降，水源涵养减少，从而对整个自然生态系统产生影响。澳大利亚、新西兰、加拿大等畜牧业大国都曾经发生过草地退化、荒漠化等生态问题，各国都根据自己的情况，分别采取了相应的控制和改善措施，尤其是在农业技术改造方面，这些国家都有重点关注。目前，对草地植物季节性生长的动力学模拟和草地生产力水平监测模拟是国内外草业工作者所关注的一个重要问题，其基本目标是使草原资源在人工管理下合理化，恢复和提高草场生产力。草原畜牧业是黄河上游地区重要的农业生产，它以高寒草甸天然草场为依托，是藏族、蒙古族、哈萨克族等民族的主要生存经济来源，它直接影响着当地的社会发展和政治稳定。从生态经济可持续发展的角度来看，传统的以牺牲自然资源为代价的粗放式畜牧业管理模式，已不能适应人民日益增长的社会需要，对我国生态安全构成了巨大的威胁。因此，为有效控制草地生态环境的进一步恶化，发展草地经济，必须从根本上改变畜牧业的产业结构和经营模式。

（一）黄河上游地区草地发展中面临的主要问题

草地是我国自然生态环境中不可或缺的一部分，是草原经济生存与发展的基础，发挥着不可替代的重要作用。我国的牧区经济发展与草原畜牧业密切相关。然而，天然草原并不能提供无穷无尽的自然资源。我国人口的迅速增长和草地畜牧业的迅速发展，以及人们对草原资源的过度开发和无节制掠夺，对黄河源区的生态安全和牧区民族的经济可持续发展产生了不利的影响。黄河上游地区草原发展中主要面临以下几个问题。

1. 草地退化严重

我国各主要牧区的天然草地多位于各大江流的源头与中上游地区，与当地的社会经济发展与生态安全有着密切联系。根据调查研究，20世纪70年代我国草地退化的面积约为国土面积的10%，到了80年代初期为20%，90年代中期为30%，如今已经超过50%，而且还在以每年200万公顷的速度增长。比如位于黄河上游地区的玛曲县，20世纪50年代还没有出现丝毫的荒漠化情况，到了60年代则开始出现零星的荒漠化土地和小型沙丘。随着时间的推移，荒漠化范围逐步增大，荒漠化的速率也在不断加快。20世纪80年代，全县草地荒漠化面积为1440公顷，到1999年已达到6080公顷，其中流动沙丘2020公顷，固定沙丘4060公顷，荒漠化草地占全县耕地面积的0.63%。2003年，草地退化面积达74.7万公顷，此时已占据90%以上全县可利用草地，重度退化草地面积占比高达39.84%。

草地退化对草原生产力水平有很大的影响。我国草地平均年产草量干重为911kg/公顷，而黄河上游的青藏高原地区每年的草场产量仅为577公斤/公顷，单位面积的草场产量只有澳大利亚的1/10、美国的1/12、荷兰的1/50。

2. 草地覆盖度显著下降

草地植被退化最明显的特点就是群落物种组成有所改变，原有的建群种类逐步减少甚至消失，适口性较差的毒性植物比例增大或在群落中占据主导地位成为优势物种。黄河上游地区的高寒草原，其自然条件下的植被覆盖率通常为100%，但目前普遍降低为80%，甚至部分地区的植被覆盖率仅为60%。除此之外，植物群落结构也发生了很大的变化，草地品质也在下降。豆科和禾本科作为优良牧草的优势度迅速降低，而有毒杂草的比例则从20%增大到46%。草地的退化也导致了群落物种多样性的降低。如玛曲县曾经是一个以水清草绿、牛羊众多而闻名的地方，这里曾经有230多种珍稀脊椎动物，现在只剩下140种，野驼、雪豹、黄羊等已全部灭绝；8种药用植物已全部灭绝，许多野生资源如肉苁蓉、羌活等已濒临灭绝。

3. 自然灾害频繁

草地对土壤的保护作用和防风固沙作用都很强。草地的抗风性比林地要强三到四倍，可以很好地阻截地表径流。然而，长期依赖自然放牧的畜牧业经营方式，造成了草地生态系统严重受损，抗灾能力显著降大。随着我国荒漠化土地的不断扩展，沙尘暴的出现频率、持续时间和影响范围不断增加。根据资料显示，1952—1994 年间，我国西北地区发生了 48 次沙尘暴，其中 50 年代有 5 次，60 年代有 8 次，70 年代有 13 次，80 年代有 14 次，90 年代有 8 次。2000 年春季，我国北方连续出现了 12 次沙尘暴，其中兰州、呼和浩特、银川达到 5 级空气质量[1]。根据联合国环境署规划的全球荒漠化评估标准来看，我国每年因荒漠化灾害造成的直接经济损失折算为 34.4 万元 /km²[2]。黄河上游由于干旱和半干旱的气候特点，是全国干旱的高发地带。根据统计，地处黄河上游地区的甘肃省在中华人民共和国成立后的 50 年间，共出现 19 次严重的旱灾，其中 5 次为特别严重的干旱，造成的直接经济损失超过 100 亿元[3]。在我国西北辽阔的大草原上，还有大量的鼠类，这些鼠类不仅会和人类竞争，还会对草原的生态造成极其不利的影响。甘肃甘南草原上常见的鼠类有 20 多种，而对草场有害的主要是中华鼢鼠和达乌尔鼠兔。它们以牧草作为食物，与牲畜争食；挖洞掘土降低了草地的面积，导致地面坑洼和水土流失；挖掘采食牧草根系，使得草场生产能力减低，导致了甘南草原牧草的大量损失，进而对当地的畜牧业发展造成不利影响。

4. 生态服务功能减退

草地除起到截留降水的作用外，还具有较好的水土保持能力。草地土壤水分含量比裸地高 90%，对水源的涵养能力比林地高 0.5~3 倍。但由于近年来人类活动的破坏和自然灾害的影响，水源涵养林遭到了严重的破坏，林地面积急剧减少，剩余的灌木林郁闭度低，几乎不具备保水能力，生态机能不断衰退。此外，由于草地的退化，水土流失加剧，黄河干流的泥沙流量也在持续增长。20 世

①　吴晓军，董汉河 . 西北生态启示录 [M]. 兰州：甘肃人民出版社，2001.

②　卢琦，吴波 . 中国荒漠化灾害评估及其经济价值核算 [J]. 中国人口资源与环境，2002，12（2）：29–33.

③　赵颂尧，关连吉 . 西部大开发与甘肃区域经济研究 [M]. 兰州：兰州大学出版社，2000.

纪初期，黄河上游玛曲段的年输沙量只有 17.6 万吨，而现在则达到了 62.7 万吨。黄河的平均流量也出现了明显的降低，对下游水库、水电站的安全构成了重大威胁。

（二）草地退化的原因

人为过度放牧是草地生态环境退化的主要原因，气候、鼠虫害等也是草地沙化加剧的直接或间接原因。造成草原退化的成因主要如下。

第一，草地资源的开发利用不合理，过度放牧，导致草原用过于养。由于没有得到充分的恢复，草地板结和沙化加速，其承载能力每年都在降低。玛曲县的自然牧场，理论上只有 35 万头羊单位的天然草地理论载畜量，但 2001 年全县蓄养量却高达 85 万头，是理论载畜量的两倍有余，因放牧造成的经济损失达 1.72 亿元，其中间接经济损失占 91.3%。

第二，当地的牧民和成千上万的非牧业人口不断涌入，大肆抢夺野生药材和矿产资源，草地受到了极大的破坏，对草地生态系统的安全造成了巨大威胁。

第三，在全球变暖趋势影响下，黄河源区雪线上升、冰川后退、湿地减少、湖泊萎缩，还有风力、水力、冻融侵蚀等因素的作用影响，使得草地生态状况日益恶化。

第四，鼠害对草地的危害极高，但至今尚无有效的鼠群控制措施，导致鼠害在草地上依然猖獗。

第五，草原地区牧民的文化水平较低、技术水平较差，缺乏生态工程建设人员与设施，且政府监管力度不足、生态补偿力度不够等原因，不利于我国草地资源的可持续发展。

（三）实现草地经济可持续发展的对策

黄河上游地区主要是高寒草原和湿地生态系统，其产业结构中，第一产业畜牧业是最为主要的经济来源。1998 年，甘南藏族自治州全州年 GDP 达到 12.51 亿元，其中第一产业 5.61 亿元，第二产业 2.87 亿元，第三产业 4.03 亿元。第一产业中，畜牧业占主导地位，占比高达 90%；第二产业是对牧产业的深度加工；第三产业则是以民俗文化的旅游为主。这些产业的发展都离不开草地环境和草地生态系统的健康良好。但该区域生态环境的脆弱性，以及其重要的生态功能，使得草地生态系统的恢复和重建成了草地经济发展的首要环节。在草地经济问题的处理过程中，必须坚持以生态建设为核心，有机结合环境保护和发展畜牧业，构建节约型生产体系，实现草地经济和环境的协调可持续发展。

1. 调整畜牧产业结构

改变畜牧业生产模式，引入最新最优控制策略，摆脱传统游牧生产模式，转变为以舍饲为主、放牧为辅。舍饲半舍饲的集约化养殖模式，可有效地改变牧区的落后生产方式，提高牲畜的生产能力和保育水平，从而使牧民的收入大幅增长；建立合理的分区围栏轮牧制度，实行"以草定畜"，在冬季和春季草场，通过对天然草原的改造和培育，建立丰产刈牧兼用的半人工草场，满足牲畜一年四季的放牧饲料补充需求，将夏季草场的放牧周期从现在的每年四到五个月减少到两到三个月；加强冬季饲草储备，解决牲畜"冬瘦春乏、高死亡率"的问题，增强牧民对自然灾害的抵御能力；积极引进优质畜种，建立稳定的牲畜出栏制度，大力发展饲料和畜产品的深加工产业链。

2. 运用生态修复手段

黄河上游生态环境的好坏，直接关系到中下游的经济发展，是维护全国生态环境总体稳定的关键所在。因此，必须彻底转变传统的资源利用方式，实行生态恢复工程，扭转黄河流域生态环境恶化的局面。对于重度退化地区，可以采取永久封育、禁牧等措施，以实现对退化程度较大的草原的有效恢复；在中度退化地区，可以实行休牧、轮牧等育草措施，通过控制牧草牲畜对草场的采食践踏，使草地发展为良性演替。此外，在草地中适当补充播种适应性强的优质牧草，可以增大草地植被群落组成的多样性和稳定性，有效提高植被盖度和牧草质量。研究表明，在北方荒漠化地区进行补播，可以使荒漠化地区的平均干草产量提高60%，植被覆盖率则提高 30%。

3. 加强人工草地建设

我国的粮食问题实质上是饲料问题，而饲料供应是否充足，将直接影响到我国的粮食安全和动物食品的供需平衡。重点关注牧草的人工栽培，不仅可以减轻天然草场受到来自饲料需求的压力，还可以给传统游牧过渡为以舍饲为主放牧为辅的家畜饲养模式提供有力保障。利用现代生物技术手段，选择适合黄河上游天然气候的抗旱、耐寒牧草新品种，并引进国内外优质牧草，经人工驯化、培育、改良，选出最优、最适的牧草，并加以推广。为保证黄河上游地区畜牧业得以健康、长久、良好地发展，人工牧草种植、农牧结合、发展优质高产的人工饲料基地是必然选择。

4. 建立生态补偿机制

同经济产品价值相比，草地生态系统的生态服务价值更高，并且是无可取代的。因此，管理草地生态系统必须以生态补偿为核心，制定相应的政策，以促进草地资源的可持续发展。在评估草地生态系统服务价值和可持续使用需求的基础上，建议开设一种中下游区域向上游区域提供补偿的黄河流域生态保护补偿机制，每年以 0.93 亿元以上的额度进行补偿。在此基础上，通过政府的大力扶持，构建草地安全预警体系，实现对沙区、生态脆弱区的动态监控。根据绿色 GDP 的评估指标体系，将环境和资源因素纳入到草原生态经济工程考核中，从而为畜牧业的发展制定出合理规划，为草地生态保护和畜牧业的可持续发展奠定基础。

各级政府部门要增强对草地的宏观调控，加大投资力度，并结合当地的具体情况，对牧民进行生态、法制宣传和教育，把"草地有偿承包责任制"和《草原法》等内容进行全面贯彻和落实。加大畜牧业的科技投入，以发展畜产品加工为特色的乡镇企业，促进牧民增收。

黄河草地经济面临着严峻的形势，必须立足于草地经济发展的现实状况，在思想和观念上进行创新、调整和优化，并增强政府的监督管理，重新恢复草地生态环境的良性循环，促进黄河上游地区草地经济的可持续发展。

第二节　黄河中游地区水土问题研究

一、黄河中游地区自然环境及水土流失特点

（一）气候特点

1. 气象气候特点

黄河中游多沙粗沙区地处黄土高原和鄂尔多斯高原的过渡地带，属于半湿润向干旱过渡的半干旱带，面积约 7.86 万 km²，覆盖陕西、山西、内蒙古、甘肃、宁夏 5 个省（区）和 44 个县（旗、市），旱灾和强降雨是它的主要特点。该区域冬季绵长且气温低下、夏季短而炎热、光照充足、温差大、降水少、蒸发大、冷热变化频繁、干旱、大风频繁是其主要特征；突发性区域的暴雨洪水是造成该地区水土流失、泥沙灾害的重要因素。在开发建设中，移动土石、扰动表土，改变土壤水分内在条件，加剧了土壤干旱，裸露地表增大风沙产沙；气候急剧变化，加速了岩体移动的风化过程，导致了泻溜的增多和产沙粗化。

2. 降雨特点

黄河中游多沙粗沙区年平均降水量不足 500 毫米，但相当密集，根据该区 18 条支流（9.5 万 km²）的数据统计，其最大日降水量约为全年降雨量的 12%；最大的 30 天降雨量约为 35% 的全年降雨量；在每年的汛期（6 月至 9 月），降雨量约占全国降雨量的 73%。黄河中游是我国出现高强度暴雨的主要区域。根据分析，陕北榆林和神木地区地处黄河中游多沙粗沙区，是局部强降雨的中心，其主要原因如下：一是盛夏时该区域地处副高压边缘的西风急流南侧，且靠近平均槽，有利于空气辐合上升，从而形成降雨；二是在副高压到达最北位置的时候，南缘暖湿气流持续向该地输送水汽，所提供的丰富水汽会与盛夏冷暖空气交融；三是此区植被较少，白天的地表温度较高，对大气的加热效果明显，除此之外，沟谷的存在使得地表各点的热力存在差异，同样会造成大气的不稳定。榆林和神木地区为地面大气温差中心，其地表温度高于周边地区 6.4℃，甚至高于周围大气温度。由于各种因素的影响，该地区极其容易形成暴雨中心。这个区域不但有

大量的暴雨,强度也很高。

(二)地质地貌

地质地貌是导致自然景观分异的主要原因,也是导致水土流失的主要原因。黄河中游地区的地质地貌状况是复杂且多样的,它对水土流失的区域分异有较大的影响,在宏观上,黄河中游由黄土高原和鄂尔多斯高原这两大地貌单元构成。黄土高原的特征是黄土堆积和侵蚀,鄂尔多斯高原的特征是风沙堆积和风蚀。黄河中游一般划分为风沙区、黄土丘陵沟壑区、黄土高原沟壑区、黄土阶区、黄土丘陵区、土石山区、黄土丘陵林区和冲积平原区这七种地貌类型区。接下来只对风沙区、黄土丘陵沟壑区、黄土高原沟壑区、土石山区等与黄河中游开发建设项目密切相关的类型区进行简单分析。

风沙区在鄂尔多斯地台的东南部,大体是神木、榆林到横山、靖、定边,也就是沿长城一线的北部地区。该地区土壤疏松,风蚀作用严重,沙丘草滩和内陆湖泊海子交错相间,形成了典型的风沙草滩地貌景观。该区的地质构造活动属次强上升区,侵蚀产沙类型主要是风蚀产沙。由于地形平坦,雨水入渗迅速,径流较少,因此水蚀作用较弱。在该区与黄土丘陵的过渡地带,坡度加大、支沟增多,侵蚀作用显著提高,该过渡带本质上是沙化进程与黄土进程交替作用的区域,同时又是一个生态环境敏感区,只要该区域的气候条件发生改变,或受到开发建设的干扰或破坏,将会引起地带地貌和植被的显著改变,进而对水土流失、风沙产沙等造成重大影响。

黄土丘陵沟壑区分布广泛,涉及 7 个省区,面积 21.18 万 km²,其特征是地貌破碎、千沟万壑,有 50% 到 70% 的土地坡度超过 15 度。根据地形的不同,将其划分为 5 个副区。1—2 副区主要在陕西、山西和内蒙古三省(区)内,面积 9.79 万 km²,以梁峁状丘陵为主,沟壑密度 2~7km/km²,沟道深度 100~300m,沟壑面积较大,多是"U"形或"V"形。3—5 副区主要分布在青海、宁夏、甘肃和河南,总面积 12.08 万 km²,多为梁状丘陵,沟壑密度在 2~4km/km²。在小流域的上游,通常是"涧地""掌地",地势比较平坦,沟道较少,而在中下游则又冲沟。该区域土壤松软、沟壑交错、地表破碎、起伏较大、植被稀疏、暴雨密集且强度大、水土流失严重。该区土壤侵蚀主要表现为水力侵蚀和重力侵蚀，并伴随着风蚀，是水土流失重点区域。

黄土高原沟壑区主要分布于甘肃东部、陕西延安以南和渭河以北、山西以南等地，面积 3.27 万 km²。该区地形由塬、坡、沟三部分组成。塬面平坦，坡度 1°~3°，甘肃的董志塬、陕西的洛川塬是面积最大的塬地区，塬面相对完整；坡陡沟深，沟壑密度 1~3km/km²；沟道多为"V"型，沟壑的面积不大。土石山区主要在秦岭、吕梁、阴山、六盘山等地，涉及 7 个省区，总面积 13.87 万 km²，地势高，坡陡谷深，沟道比降大，多为"V"型，沟壑密度为 2~4km/km²。

（三）地层与植被

1. 地表物质构成

该区的地表物质成分非常复杂。从宏观上讲，可分为黄土、风沙、基岩三种类型。从河口镇到龙门区的 11.16 万 km² 面积中，其中黄土覆盖面积 69405km²，约占 62%；封杀覆盖区面积达 26520km²，约占 24%；基岩出露区面积为 15664km²，约占总面积的 14%。通过测算，河龙区有二十条流域面积超过 1000km² 的支流，其黄土出露面积占总面积的 52.2%，风沙和基岩分别占 14.4%、33.4%，主要分布于黄河右岸流经毛乌素沙地的窟野河、秃尾河、佳芦河和无定河以及受库布齐沙带影响的黄甫川等 5 条支流。不同的地面物质成分对产流产沙会造成不同的影响。风沙土和黄土孔隙度高，稳渗速度较快，而在基岩出露区的稳渗速度较慢，有利于产流、集流，从而形成较大洪水，侵蚀产沙；黄土质地比砒砂岩要松软，但从在水里的崩解速率来看，砒砂岩尤其是泥岩的崩解速率并不比马兰黄土慢，所以，在黄甫川、窟野河和孤山川等地，砒砂岩出露区的产沙模数很大。采矿后挖掘基岩使地表暴露，基岩的风化会加重水土流失。

2. 不同地层侵蚀产沙

该区的侵蚀产沙层以基岩地层（包括三叠纪、侏罗纪和白垩纪地层）、第四纪黄土和风成沙为主。

（1）基岩地层产沙

该地层的分布地以黄甫川、孤山川、窟野河上游为代表，该区域内以中生代侏罗纪、白垩纪的基岩为主。需要知道的是，在这片土地上分布着砒砂岩，裸露砒砂岩面积 6265km²，占总面积 11682km² 的 53.6%，覆盖层砂岩 2796km²，占总面积的 23.9%，覆盖层砂岩面积 2621km²，占总面积的 22.4%。基岩产沙对黄河 O 粗泥沙的影响具有很大的区域差异，河龙区间右岸北部的黄甫川基岩产沙比例超过 60%，而无定河及其以南的晋西各支流基岩产沙量仅在 5%~15% 左右。

（2）第四纪黄土

在多沙粗沙区中，黄土是主要的产沙地层之一，黄土出露的地表面积超过地总面积的 60%。按沉积时间序列可划分为早更新世午城黄土（Q1）、中更新世离石黄土（Q2）、晚更新世的马兰黄土（Q3）和现代黄土（Q4）。该地区出露面积最大的属马兰黄土，其主要颗粒成分是孔隙度大、富含碳酸盐的粉砂。黄土遇水后，碳酸盐溶解会加快土体的崩解性和湿陷性。这种物理性质决定了黄土的可蚀性。黄河地区的泥沙来源以黄土地层为主。

（3）风成沙产沙

皇甫川支流纳林川和十里长川的河源区及窟野河支流乌兰木伦河和秃尾河及无定河河源地区是风成沙的主要分布地区，风沙产沙约占 5%~10% 左右。

3. 植被条件

植被具有保护地表的功能，植被的覆盖面愈大，对地表保护的效果愈大，对土壤侵蚀、水土流失、减弱风沙的影响愈显著。然而大部分开发建设区处于干草原与森林草原的交界地带，以干草原、落叶阔叶灌丛、沙生植物为主要植被类型，具有生长季短、休眠期长、稀疏低矮、沙生植物分布广泛、郁闭性差、植被覆盖率低等特点。在原有的地表条件下，对地表的保护效果不大，一旦开发建设造成的植被破坏很难被恢复，这势必会造成风蚀产沙和水土流失现象的加重。

（四）水土流失特点

黄河中游多沙粗沙区是全国最严重的水土流失区域，同时也是世界范围水土流失最严重的地区之一，占据了黄河中游地区 23% 的土地，但其所产的泥沙占黄河中游输沙量的 69.2%（1954—1969 年间）；产生的粗泥沙量约为 3.19 亿吨，占黄河中游粗泥沙总量的 77.2%，是黄河下游泥沙的主要来源。黄河中游多沙粗沙区的水土流失具有较高的产沙强度，同时具有较强的时间集中性和空间多变性。

1. 侵蚀产沙强度大

根据 20 世纪 50 年代和 60 年代实测数据的统计，多沙粗沙区域 21 条测控支流的年平均输沙模数为 0.963 万 t（km²·a），超过一半的测控流域年平均泥沙模数为 1 万 t（km²·a），局部地区可高达 3 万 t（km²·a）。在窟野河下游神木到温家川区间，最大的年输沙模数为 8 万 t（km²·a）。

2. 产沙过程集中

黄河中游多沙粗沙区侵蚀产沙量大，不仅如此，其产沙过程的集中程度在其他区域也是少见的。1969 年以前人类活动对年沙量的影响不大，根据当时 10 余年来的实测数据分析来看，年内最大 1 日沙量占年沙量的 28.9%，最大 30 日沙量占年沙量的 61.5%，汛期沙量占 97.6%。

年内降雨对产沙过程的影响很大，产沙过程的集中程度与年内强降雨密不可分。暴雨次数不多，但只要偶尔遇到一场特大暴雨，所产生的沙量就会超过 80%的年沙量，甚至高达 95%以上，出现这种大暴雨会导致黄河的产沙量发生巨变。

3. 产沙波动性大

黄河中游流域因多变的降水过程和复杂的下垫面物质成分，导致了泥沙过程年际变化波动突显，其最大年输沙量是最小年输沙量的数十倍，甚至可达一二百倍，而且历时越短，波动幅度会越大。

4. 产沙空间变化复杂

如果将重点放在流域内部，从流域的空间角度来看产沙变化，地表的产沙强度与土地类型密切相关，如农耕地、牧荒地、陡峭的山崖、道路、村庄、沟床，这些土地类型的侵蚀模数是依次递增的。

二、黄河中游地区水土灾害与灾害链效应

（一）黄河中游地区水土灾害研究的战略意义

黄河是华夏土地上一条生机勃勃的大河，它饱经风霜，曾经被称为"哀河"和"害河"，这都是由于历史上黄河地质灾害频繁，水土流失、洪水灾害严重所致。流域内的人民世代依附于河，受制于河，对黄河给予持续管理和保护，使得黄河发生了巨大的改变，但黄河流域依然是世界上生态环境最为脆弱的地区，造成这种现象的一个根本原因是由于流域内经常发生的水土灾害，例如：中游黄土高原黄土丘陵地带黄土沟壑纵横、地形破碎、降雨集中，造成山洪、崩塌、滑坡、泥石流、水土流失等灾害分布广泛、类型多样、突发性强。据统计，黄土高原发生滑坡灾害的次数占全国滑坡灾害的三分之一，仅陕北地区已有23000多处黄土崩塌，16600多处黄土崩塌，往往会形成一系列的灾害性事件，导致大量的人员伤亡和财产的巨大损失。

黄河泥沙含量居全球首位，这是导致其下游河道淤积严重的首要原因。黄河上、中游黄土高原是黄河泥沙的最主要来源地。中华人民共和国成立后，黄河地区的水土保持工作成绩斐然。水土流失面积有了显著的下降，但仍有水土流失量大面广，且中度以上的侵蚀面积比例较大等问题存在。目前，我国的水土灾害仍没有得到有效的治理，特别是动侵蚀引起的水土流失还没有得到有效治理。近几年，全球气候变化使极端气候事件频繁发生，致使部分地区的水土灾害更加严重，一些地区的生态环境也在进一步恶化。

黄河中游沟壑纵横，支流众多，河道比降大，地表支离破碎，生态环境脆弱，山洪、崩滑流和水土流失是该地区水土灾害的主要形式。黄土在黄河中游地区广泛分布，这是一类特殊的灾害性土壤，其灾变敏感性主要体现在水敏性、结构性脆弱、强度衰减性、劣化过程复杂、对动力扰动的敏感性等方面，为崩滑流等水土灾害提供了孕灾条件。除此之外，黄河中游区域的年雨量分布极为不均，短历时暴雨频繁，崩滑流等水土灾害常常呈现流域集中性、群发性、链式特征。黄河中游流域的水土灾害问题日益突出，严重影响了流域生态文明建设和高质量发展，迫切需要从源头上厘清水土流失与生态环境的互馈关系，并进一步探讨其

对黄河中游流域水土灾害群发机理及链生效应的影响。

　　黄河中游地区是我国实施"一带一路"建设、新时代西部大开发、黄河流域生态保护和高质量发展的关键区域，流域内的城镇、线性工程、水利水电工程等工程和能源开采规模大、范围广、速度快，正在影响着当地的地质地貌、生态环境。由于工程建设和地质环境的相互影响容易引起工程的灾变，从而对工程安全和运营造成严重的影响，进而影响到流域的高质量发展。为此，我国针对黄河流域的生态环境保护和高质量发展提出了新的要求，深入开展黄河中游区域的水土灾害机理机制及其灾害链效应研究，给流域的地质、生态安全、促进人地和谐发展提供保障，具有十分重要的现实意义。

（二）黄河中游地区水土灾害机理与灾害链效应研究

　　国内外有学者对关于水土灾害的群发规律、群发机理及其与气候、植被、土壤、岩性、地形地貌、地质构造等方面的关系进行了大量研究，研究表明灾变机理常常与多因子的耦合有关，相互关联的连锁反应和放大作用使灾情风险进一步恶化。

1. 山洪成灾规律

　　对极端降水条件下山洪灾害规律的研究尚待深入，而在各种致灾情况下，对暴雨洪水进行模拟仍然存在一定的困难。

　　黄土区山洪的形成与崩滑流群发灾害有着密切的关系，是研究黄河中部地区水土灾害及其孕灾机理的重要基础。受暴雨、土地利用、地形等诸多因素的影响，山洪的发生具有明显的时空分异特性。大规模地区暴雨的时空动态监测是对山洪形成与发展进行分析和研究的重要手段，如研究大范围的降水和暴雨可使用卫星遥感降雨资料。山洪的产汇流过程会受到下垫面地理、地质、地貌等多种因素的制约。

　　在充分利用各类致洪因素空间分布信息的基础上，可建立数字化水文预报模型用于山洪过程的预测。在沟道、流域、区域等不同空间尺度间的山洪传递转化特征，以及降雨特性与洪水分布的多尺度关系仍然是目前研究中的一个难点。尽管国内学者已经揭示了我国山洪时空分布特征和规律，但是，过去关于山洪灾害的研究多集中在区域范围内，而对于大流域尺度、水文地质地貌特点明显的专题研究则很少。

通过山洪形成机理及演进特征研究得知，暴雨为山洪发生提供了动力因素，而判别山洪发生的重要指标是临界雨量，除此之外，降雨、土壤含水量以及下垫面这三大因素是山洪形成演进机理研究需要全面考量的。我国主要采用模型法、统计法、临界曲线法等方法对山洪灾害临界雨量进行研究。关于黄河中上游山洪的研究，有的学者认为，用产汇流分析方法得到的数据是比较合理的。形成山洪的临界雨量存在很大的不确定性，山洪形成和发展与流域内的植被、土壤、地质地貌等因素有着紧密的联系，考虑到临界雨量与下垫面的耦合关系，发布可靠的实时临界雨量已成为当前的热门研究领域，而黄土高原地区关于临界雨量的研究成果相对较少。黄河中游山地丘陵山区土壤侵蚀情况较为严重，地表破碎且地质环境脆弱，而临界雨量对降水变化和初期湿润状况极为敏感，要准确地解释其山洪成因和发生发展的内在机制尚有很大难度，应将山洪灾害作为小流域滑坡、崩塌、泥石流等灾害链中的重要环节，对水土相互作用及其时滞效应深入探索研究。

从气候变迁与人为因素耦合作用的角度来看，山洪灾害的成因机理与预测预警是学术界长期以来所面临的一个瓶颈。由于全球气候变化、人为活动等因素的相互影响，暴雨规律和下垫面条件有所改变，使得区域洪水灾害机理也随之发生了改变，导致该问题的研究变得更加困难，并成了研究的热点。当前水文界的一个主要研究方向就是考虑资料非一致性的水文分析。长久以来，人们对山洪致灾机制的认识和研究主要集中在暴雨这一外在的动力条件上，很少注意到在变化的环境中流域下垫面等自身条件发生的变化。黄河中上游地区的降水量在时间和空间上有很大的分布差异，而且受气候变化的影响很大；由于水文因素的变化，对洪水灾害的防范治理提出了新的要求。因此，黄河中游地区在气候变化背景下的暴雨时空分布特征，及以极端降水的山洪反演和场景仿真模拟为基础的研究急需进一步深化与开展。

2. 黄土崩滑流灾害群发机理

在地貌气候耦合作用下，崩滑流灾害的区域模式和时空分异特点的研究还很欠缺，同时对于崩滑流灾害与河流互馈机制的研究也不多。厘清黄河中游地貌气候耦合模式、黄土崩滑流群发的孕灾背景，可以为揭示灾害群发机制提供理论依据。

通过对黄河中游地区万年及千年尺度的地质灾害及气候反应的分析，学者们认为黄河中游地区的地质灾害多发生在气候转型期和温暖湿润期，与黄土中的古土壤发育期相对应，说明黄河中游黄土高原的气候与地质灾害具有一定的相关性。大多数对地貌气候耦合作用模型的研究都侧重于大尺度的空间规则，而小流域地貌演化过程的研究往往会被忽视。黄河中游地区的黄土分布面积大、厚度大，气候变化特殊，目前尚缺乏一种行之有效的方法可以定量描述地貌、气候演化规律和耦合作用下的崩滑流区域模式，特别是在时空分异特征方面。降雨、冻融等区域性、季节性气候变化对崩滑流的诱发也有很大影响，因此，在地貌气候耦合作用下，崩滑流群发的时空变异仍然是一个需要特别关注的问题。

崩滑流灾害群发性机理和识别方面的研究显示，崩滑流群发的必要条件是不同的地质地貌，崩滑流的主要动力来源是地震和大气降水，黄河中部地区植被不发育、人为活动频繁则造成崩滑流群发的主要原因。山体滑坡对区域地貌的发育、流域的演变产生长期的持续影响，从而导致了泥石流的发生。黄土高原地区崩滑流群发具有空间不均匀性和流域集中性等特点，除了降雨落区对群发机理存在影响之外，还应考虑地形、地层岩性、地震等多种因素。崩滑流群发的易发性识别具有十分重要的意义，利用多源高分遥感技术、无人机技术和监测手段对崩滑流灾害的易发性评估，已逐步摆脱定性分析，逐步发展为以物理确定性模型、SINMAP 模型、TRIGRS 模型、模糊集数理统计模型、以斜坡地质结构为基础的 GMD 模型等为主要模型的定量数学分析。成灾机制因子识别是认识黄河中游崩滑流群发成灾机制的一种有效手段，但由于崩滑流过程中流域气候、水文、地质等因素的互馈作用存在时空尺度差异，其动力过程的研究需要建立在准确的多尺度物理模型和岩土力学参数之上，而黄河中游地区崩滑流群发成灾机理的因子识别模式目前还缺乏对植被和人为因素的考量。

崩滑流灾害的群发与河流的相互作用研究显示，崩滑流灾害的发生与河流之间具有显著的相互作用关系。河流作用是引起崩滑流灾害的一个主要因素，当河流水位变化较大时，崩滑流的分布密集程度就会增大，在急流下切作用下容易使得边坡不再稳定，从而引发崩滑流灾害，而崩塌、滑坡、泥石流等灾害同样会对河流产生作用与影响。关于崩滑流灾害与河流交互作用的机制和演变过程，可以多种模型为基础，利用多种软件对运动轨迹、距离、影响范围、形态演化等一系列崩滑流与河道的交互运动学过程进行模拟仿真，研究探讨松散碎屑物对河流泥沙供给以及河道形态的改变机理。但目前还比较缺乏关于黄河中部群发崩滑流灾害与河流互馈作用过程与机理的研究。

总而言之，黄河中游崩滑流灾害的发生与流域地貌气候的作用具有时空上的差别，因此，其动态成灾成链的研究必须综合运用精细的多尺度物理模型和岩土体力学参数，同时兼顾动态过程与生态环境之间相互作用的影响，目前还比较缺乏这方面的相关研究。

3. 黄河中游水土灾害链效应研究

由于水土流失的特征是由不明显的连续蠕变到瞬时突变，在"山洪—蠕动—滑动——泥流"全过程中的每一次活动都与灾害链有关，因而引起了国内外学者的高度关注。例如瑞士的 Schimbrig 滑坡使得大量的颗粒物质在河道上堆积，导致了山洪的侵蚀，进而形成了泥石流。通过对黄土地区水土灾害链的区域模式和成灾机理分析研究，灾害链是在多个致灾因素综合作用影响下产生的，并与孕灾背景有关。汶川大地震引发了一系列的灾害链，它所产生的灾害链效应为相关研究提供了丰富的资料，这一系列地质灾害链的主要形式是"崩—滑—成灾""崩—滑—湖—成灾""崩—滑—流—成灾"。灾害链的形成机制必须揭示岩土体灾变从孕育、发展到结束的整个过程，但灾害链形成的原因并不单一，而是具有多种致灾因子，且与灾害类型、灾害状态的变化有关。黄土灾害常常是一系列的灾害，以灾害链形式出现，会由一个灾种向另一个灾种迅速转变，且这些灾种之间存在着一定的因果联系，比如黄土地的裂缝会导致滑坡的孕育、发展和形成；在降雨和径流的共同作用下，黄土滑坡将演变为黄土泥流，对环境造成的破坏更为严重。从整体上看，人们对黄土灾害链的研究很少，当前国内外尚无系统的黄土灾害链演化机理与动力学过程的研究成果，仅有零散的研究也主要围绕"沉降湿陷—地裂缝—崩滑"和滑坡泥石流的转化机制展开。为在黄土水土灾害链及动力学过程研究中取得突破进展，在研究过程中，应重点把握黄土强度与其结构性以及土水相互作用之间的关系、黄土液化导致黄土滑坡演化成泥流灾害链的内部机制、黄土蠕变行为及强度衰减的致灾机理。

从黄土水土灾害链的致灾效应和风险识别两个角度来看，灾害链在时空上的不断扩张常常会造成累积放大的灾害效应。当前有关灾害链放大效应的研究方向为对静态进行描述后获得解释，向动态延伸，并从模拟中得到启示，主要从灾害链致灾结果调查、灾情累积放大机制、灾害链放大致灾过程等角度出发，以地质调查、理论模型分析与数值模拟等为手段对灾害链致灾效应进行探索研究。在研究过程中，学者们尝试建立如滑坡坝危害效应评估模型、滑坡的几何形态预测公式、泥石流堵江判据、滑坡最大水平距离与各影响因素的关系、滑坡堵江坝溃决洪水特征计算公式等各类灾害链危害评估模型和公式。黄土水土灾害链的结构复杂且富于变化，并具有链型多、演化过程特殊、运动距离远、影响范围广等特征，目前对其演化机理的认识还不够透彻，有关灾害链致灾效应定量评价模型方面的研究几乎为零。滑坡类型、规模和垂直落距等可直接影响到灾害链致灾范围，即滑体运动的距离。有些学者提出了一种基于黄土厚度、斜坡坡度、滑坡体厚度、滑体长度的黄土滑坡滑距预测模型，但由于地形条件、滑体运动速率等因素会对滑体致灾产生影响，至今尚无综合反映孕灾条件、运动过程约束（例如沟道水文条件和沟道边界）、滑动物质流固相变的黄土水土灾害链放大致灾效应评价模型。除此之外，关于生态环境影响的灾害链消减效应评价同样需要更进一步的探索和研究。

4. 水土灾害与生态环境互馈效应研究

由于缺乏对水土灾害和生态环境之间互馈效应的研究，目前还没有建立起以生态工程为基础的水土灾害调控技术体系。

黄河中游地区的水土灾害问题日益突出，已成为制约我国经济社会高质量发展和生态文明建设的最大障碍。虽然黄河地区在多年的努力下，生态环境保护工作取得了显著成效，但治理成效突出的地区多为坡顶、缓坡，水土灾害问题尚未得到有效治理。近几年全球气候变化导致频繁发生水相关极端天气，如旱灾和暴雨。这使某些地区的水土灾害更加严重，并造成一系列的灾害事件，特别是重力侵蚀为主的水土灾害,例如 2017 年"7·26"暴雨造成的无定河流域内沟道重力侵蚀非常普遍,一场暴雨后新增的切沟侵蚀平均强度为 $1127m^3/km^2$,2011 年西安灞桥地区持续暴雨,多年的灌溉和雨水综合作用,使泾阳南源、黑方台频繁发生滑坡群灾害,而这一切导致当地的生态环境再一次恶化。

黄河中游地区生态环境十分脆弱,其生态环境和水土环境的互馈作用机理也十分复杂。在传统的观点中,洪水径流量和洪水输沙因水土保持工程减少使得水土灾害随之减轻,因此植被对固坡起到了积极的作用,比如,植物根对土壤的固结作用主要表现为浅根加筋和深根锚固,而植物的蒸腾吸水会增大土体的吸力,使土体的非饱和渗透率下降、抗剪强度提高,从而抑制面状水土流失及浅层崩滑,有利于生态环境的改善。然而,目前已有的研究结果显示,水土灾害与生态环境之间存在的并不是单纯的负反馈关系,而良好的生态环境对水土灾害减轻的影响也并不是完全正向的。如果黄河中游黄土高原的植被恢复,则会使黄土的含水量减少,从而使黄土更加干燥、易受风与水的侵蚀,从而引起黄土边坡的破坏,而发生崩滑流灾害。也就是说,生态系统对减轻自然灾害的影响具有很大的不确定性。随着森林覆盖率的提高,森林蒸腾量增大的同时消耗的水分也变得更多,土壤因此而干燥,地表和地下径流也就越少;在植被根系加固深度比植被根系加固深度小的情况下,与根有关的裂隙、根土的空隙、孔洞(根孔、虫孔)是水流渗入的主要通道。因此,在短时的强降水作用下,土体很容易达到饱和状态,从而引发浅层滑坡。植被对边坡稳定性的作用是复杂的,既有有利的固坡作用,也有不利的促滑作用。

因此,目前研究水土灾害生态防治的核心应是对水土灾害与生态环境之间的关系进行量化,明确生态环境和水土灾害间的互馈效应。由于土壤学、生态学、工程地质等学科间存在壁垒,水土灾害与生态环境的时空关系、模式不清、互动机制不清晰,因此对水土灾害与生态环境互馈机制的深入研究比较匮乏,同时缺少以生态为基础的防灾减灾理论体系。

（三）黄河中游地区水土灾害研究方向与建议

1. 水土灾害研究发展方向

总而言之，黄河中游地区受地质条件复杂、气候极端变化、人为活动严重影响下的水土灾害群发机理及灾害链效应研究的重点有：一是极端降雨条件下的山洪灾害规律，包括不同致灾情景下的暴雨洪灾模拟和山洪灾害时空相应规律等；二是在地貌气候耦合作用下的黄土崩滑流灾害群发机理，包括时空分异特征与动力模式、崩滑流灾害与河流交互影响机制研究等；三是水土灾害链效应，包括区域模式与链式结构、生态环境影响下的灾链放大效应和预测理论模型等；四是水土灾害与生态系统互馈效应，包括水土环境和黄土系统的互馈模式、生态工程为基础的水土灾害控制技术等。

黄河流域的地质构造、地貌演化和气候变化过程十分复杂，中游地区的生态环境更是脆弱，复杂的地球内外动力共同作用导致了其水土灾害的孕育。地质安全与生态安全受水土灾害动力学过程与生态环境互馈的影响，同时人地协调关系也会有所牵连。长期以来，学术界一直在探讨地质安全与生态安全之前的互馈平衡问题，但难以得到突破性进展，因此黄河流域水土灾害的孕育历史、动力学过程、致灾效应需要被尽快厘清。当前黄河中游地区水土灾害效应相关研究有以下几个亟待突破的关键问题：一是从耦合联动孕灾角度出发，探寻地质、地表、气候过程与水土灾害群发响应机制；二是从致灾效应角度出发揭示水土灾害链动力学过程；三是从地质安全与生态安全角度出发建立水土灾害与生态环境互馈理论，并以此为评价提出生态减灾技术。

2. 水土灾害研究建议

黄河中游地区的水土灾害以河流为表象，形成于区域，根植于土地。黄河中游地区具有典型的地貌演变特征、多样的气候过程以及强烈干扰的人为活动，这些使得地质地貌演化和人为活动互馈影响，人类依赖于流域的同时又作用于流域，使流域的地质环境、水环境和生态环境不断改变，与此同时，流域灾害对人类的工程活动安全也构成了严峻的考验。因此，针对黄河中游区域的高风险性水土灾害，迫切需要在地球系统科学理论的指导下，加强学科的交叉和融合，从

"地、域、河"的空间尺度上揭示黄河中游区域水土灾害的区域模式、动力学机制、灾害链和生态环境的互馈效应，并从"人地协调"的视角出发，构建了黄河中游区域的水土灾害综合风险评估模型和防治理论，为流域地质与生态安全保驾护航。具体有以下几条建议：一，在地质环境气候与人类活动耦合作用下，明确黄河中游地区水土灾害的时空分异规律与区域群发机制，以及水土灾害链的区域模式、链式结构、灾变临界条件、动力学演化机制，实现不同时空尺度的水土灾害链致灾效应评价；二，构建水土灾害与生态环境系统互馈平衡理论与互馈效应评价体系，以生态工程为基础，确立水土灾害调控技术和方法；三，制定人地协调的地质环境效应与人地协调的地质安全保障策略，努力突破水土灾害机制与风险防范问题研究上的困难，为黄河流域生态保护和高质量发展提供更优良的服务。

第三节　黄河下游地区生态治理与发展分析

一、黄河下游地区概述

（一）河道概况

黄河下游河道曾数次改道，1855 年铜瓦厢决口，将大清河引至渤海，形成了现在的河道。黄河干流河道自桃花峪至入海口为黄河下游，河段长 786km，落差 94m，河道纵比降上陡下缓，平均为 0.111%，流域面积 2.24 万 km²，仅占全流域面积的 3%，花园口水文站以下入黄支流只有 3 条。黄河下游河道横贯华北平原，绝大部分河道河段靠堤防约束，两岸除右岸郑州黄河铁路桥以上和山东梁山十里铺至济南田庄两段为山丘地形外，两条总长 1400km 左右的临黄大堤，约束着举世闻名的"地上悬河"，整个河道面积为 4240km²。河床因大量泥沙淤积而不断升高，现已超过黄河地表三到五米，局部河段如河南封丘曹岗一带甚至高出背河地面十米，大堤一旦决口，将造成毁灭性灾害。

由于历史条件限制的原因，目前黄河下游河道的平面形状呈现上宽下窄的特征。桃花峪至兰考东坝头河段为明清时代河段，全长 136km，两岸堤防已有三百年到五百年的历史。东坝头到陶城堡河段全长 236 公里，黄河于 1855 年决口改道，并在 20 多年后逐步建成堤防。陶城铺下为大清河故道。

桃花峪至高村河段全长 206.5km，两岸堤距约 5~14km，最宽 20km，河道宽浅，河心沙洲较多，水流紊乱，冲淤起伏较大，主流游荡不定，是典型的游荡性河道。胶泥嘴、险工、高滩崖等因素对水流的影响使河道形成了多个节点，在一定程度上起到了控导河势的作用。

高村至艾山河段长 194km，两岸堤距一般在 1.5~8.5km，主槽的摆幅和速率比游荡性河段要小，多为 3~4km，是一条游荡性河道与弯曲性河道之间的过渡性河段。在整治后，河槽逐渐趋于稳定。

艾山到利津河段全长 282km，两岸堤距通常为 0.4~5km，两岸险工、控导工程错落有致，防护段长度约为整个河长的 70%，使河势得到了很好的控制，平面变化小，是一条弯曲性河道。

黄河河口段在利津以下，河段全长 104km。黄河河口处于渤海湾和莱州湾之间，滨海区海洋动力较弱，潮差通常为 1m，属于弱潮、多沙、摆动频繁的陆相河口。黄河入海口的泥沙不断淤积、延伸、摆动，使入海流路改道变迁。利津下游的河流在历史上曾数次改道，1949 年后又进行了三次人为调整，河口段的河道长度也在不断地发生变化。

目前的黄河河口入海流路是在 1976 年人工改道流经清水沟后逐渐形成的一条新河道。黄河在仅四十年里每年向河口地区输送约十亿吨的泥沙，年均净造陆面积为 25~30km²。黄河入海河道的淤积延伸，形成黄河的溯源淤积，其影响可追溯至济南以上，是下游河道的泥沙淤积的主要原因之一。与此同时，黄河泥沙填海造陆，使得三角洲地区的陆地面积不断扩大，为滨海石油开采提供了良好的环境和条件。

（二）水文测验概况

黄河下游干流河段设有花园口、夹河滩、高村、孙口、艾山、泺口、利津等水文站 7 处，入黄支流把口站有沁河武陟站、伊洛河黑石关站、天然文岩渠大车集站、金堤河范县站、东平湖陈山口站。其中天然文岩渠大车集站、金堤河范县站由河南省水文水资源局设立观测，其他各站由黄河水利委员会设立观测。

1. 干流水文站测验

民国时期，干流水文站所用的是木质测船，在断面上固定测船的唯一办法是抛锚，常因锚小、缆短导致测船下滑偏离测验断面而影响水文测验质量。

中华人民共和国成立初期，水文站陆续建造较大的测船并配备重锚、长缆加以改进，但测船下滑问题仍未能完全解决。1965 年，艾山、利津站建造了钢管支柱吊船过河缆道，泺口站建造了钢塔支架吊船过河缆道；1978 年，高村、孙口站建成了深基大跨度自立式钢塔支架吊船过河缆道；1981 年，花园口、夹河滩站配备了大型机动测船。经过多年不懈的努力和不断的技术改造，目前，测船移动操作由人工拉纤、抛锚定位，发展为能自由移动、准确定位的大跨度高支架钢塔吊船过河缆道，测船由木船发展为钢板船和大型机动船；花园口、夹河滩站大洪水时采用机船组测流。流速仪投放由人工徒手提放操作发展到半自动化、自动化提放。测流历时大大缩短，如黄河下游"82·8"大洪水，下游各站测流历时仅 1.5h 左右，测验质量大大提高。

花园口以下各站测验设施的测洪标准以能满足花园口站洪峰流量 22300m³/s 为准配备。

随着沿黄地区国民经济建设的不断发展，黄河水资源供需矛盾日益突出。20 世纪 90 年代后期，为满足黄河水资源统一调度的需要，解决低水流量测验的问题，黄河水文系统已开始研制用于低水流量测验的设施设备，并将其陆续配置到黄河下游各站。目前，花园口站已成为国内第一个数字化水文站。

2. 引黄水量测验

黄河下游先后建有各类引黄涵闸、虹吸 92 处，大小扬（抽）水站 75 处，共计 167 处，设计引黄能力 4000m³/s 左右。这些引黄设施和引黄水量的测验，分别由下游的河务部门和地方有关部门管理。引黄水量的测验沿用涵闸初始的泄流曲线，虽然边界条件与涵闸初始的边界条件相比已发生了很大的变化，但一直没有重新率定，引黄水量的测验与实际情况出入较大。黄河水资源统一调度后，虽然大多数口门已陆续改用流速仪测流，但分属不同地区、不同部门管理，由非水文专业人员进行观测。在目前大多数口门还没有实施任何有效的监测监控措施和手段的情况下，对于引水测验中存在的问题，人们很难及时发现并进行有效处理。

（三）滩区概况

黄河下游河道分布有广阔的滩地，总面积 3549km²（不包括封丘倒灌区），占河道面积的 84%，滩区内有耕地 2498km²，涉及河南、山东两省 15 个地（市）43 个县（区），村庄 2052 个，居住人口 180.96 万人，即使黄河大堤不决口，洪水漫滩造成的淹没损失也非常大。

下游的滩区主要分布在陶城铺之上的河段，面积达 2770km²，占 78% 的下游滩区面积；陶城铺以下的河段除了平阴和长清两县的连片滩地以外，其他滩地的面积很小，平均滩面宽度在 0.5~3.0km 之间。在下游 120 余处自然滩中，有 7 处超过 100km²，9 处面积在 50~100km² 之间，12 处面积在 30~50km² 之间，90 多处面积小于 30km²。其中，原阳县、长垣县、濮阳县、东明县、长清区这 5 个自然滩的面积超过 200km²。

孟津白鹤至京广铁路桥河段为"禹王故道"，河道全长 98km，宽 5~10km。河段内滩地在左岸孟州市、温县、武陟县境内集中分布，一般称为"温孟滩"，目前，共有 519km² 的滩区面积，272km² 的耕地，79 个村庄和 8.83 万的人口。本河段温县大玉兰以上为安置小浪底水库库区移民，已修建了防御流量为 10000m³/s 洪水的防护堤，中小洪水不受漫滩影响；大玉兰以下河段目前流量达 3500~4000m³/s 的即发生漫滩。

京广铁路大桥至东坝头河段是明清故道，已有 500 多年的行河历史，河段全长 131km，河道宽浅，两岸堤距 5.5~12.7km，河槽宽 1.5~7.5km，属于典型的游荡型河道。该河段滩地分布以原阳县和开封市为主，滩区面积 844.0km²，其中 517km² 为耕地面积，402 个村庄，总人口为 43.1 万，村落密集。铜瓦厢 1855 年决口后所形成的高滩，因主流的频繁摆动和主槽的泥沙淤积速度较快而相对不高。"96·8"洪水使得 140 多年未曾上水的高滩也漫滩而流。

东坝头到陶城铺河段为 1855 年经铜瓦厢决口改道后所形成的一条河道，全长 235km，两侧堤距 1.4~20km，最宽处 24km，沟槽宽度 1.0~6.5km；1738.1km² 滩涂面积，1098km² 耕地面积，1091 个村庄，89.65 万人口。因为主槽淤积严重，使得滩唇高于临黄堤根和滩面，地势因此槽高、滩低、堤根洼，滩面横比降增大到 1/3000~1/2000，"二级悬河"情况十分严峻，堤河、串沟多，河段平滩流量在 2000~3000m³/s，漫滩概率较高，是黄河滩区易发生灾害且灾情较为严重的区域。2002 年和 2003 年，部分堤坝发生溃决，导致了滩区被淹。

陶城铺到宁海河段全长 322km，两岸堤距 1.4~20km，河槽宽度为 0.4~5.0km，由铜瓦厢改道后夺大清河演变而成。河段属弯曲性河道，其水流路径较为平稳，滩槽高差异较大。除了长清、平阴两个地区有大片滩区，其他地方都是小片滩地。滩涂面积 855.7km²，耕地面积 611km²，480 个村庄，人口 39.38 万。这一地区除了在秋季洪水漫滩发生的可能性较高外，还面临着凌汛漫滩的危险。

（四）引黄灌溉概况

黄河下游河道是举世闻名的"地上悬河"，如同一条输水总干渠，高踞于黄淮海平原的脊部，可以向北岸的海河流域和南岸的淮河流域自流供水和补充地下水，成为该地区乃至华北地区的补给水源。引黄灌溉是发展下游沿黄地区农业生产的基本措施。黄河下游在北宋时期就曾有引黄河水沙淤灌农田之举。宋神宗曾下诏引黄放淤，设"提举沿汴淤田司""都提举淤田司""总领淤田司"。

历史上黄河下游两岸大堤汛期决口频繁，造成沿黄两岸大面积荒沙、碱滩和被洪水冲成的许多潭坑。引黄河水沙放淤虽能填坑改土，增加很多良田，但长期以来人们对在黄河大堤上开口建闸心存疑虑，不敢建闸。到民国年间，才开始修建几处虹吸引黄工程，规模很小。

中华人民共和国成立后，黄河下游引黄灌溉事业才得到了长足的发展，两岸修建了大量的涵闸、扬水站及虹吸工程，逐步扩大了沿黄灌区，改变了沿黄两岸工农业生产的落后面貌。

引黄灌溉的发展历程，大致有以下几个阶段。

（1）试办阶段（1950—1957 年）

水利部于 1949 年 11 月在北京召集全国各解放区水利联席会议，以实现大规模发展生产的目标，提出了防止水患、兴修水利的水利建设基本方针。1950年3—8月，在山东省利津县、綦家嘴试办引黄放淤闸，并取得了成功，促进了引黄工程的发展。1952年3月，人民胜利渠建成投入运用，并显示出很好的效益，进一步增强了引黄灌溉的信心。此后，河南、山东两省陆续修建了多处引黄工程。

（2）引黄大发展到停灌阶段（1958—1964年）

1958年，黄河下游气候干旱，各地纷纷要求兴建大型引黄工程。于是，沿岸居民不尊重科学、违背平原地区发展水利的客观规律，盲目号召"大引、大灌、大蓄"，在短短的一两年内，黄河下游共修建引黄涵闸22座，设计引黄能力3361m³/s，设计灌溉面积8861万亩。

引黄大发展时期，由于工程仓促上马，发展速度过快，灌区缺乏合理规划，工程建设只注重建渠首闸及干渠，只图把水引到田间即可，配套设施跟不上，又片面执行"以蓄为主"的方针，大水漫灌，不仅把原有部分除涝排水沟（河）占用为引水渠道，还在两岸大修平原水库，进一步破坏了原有的排水系统，大量的泥沙淤积在渠道和排水沟（河）内，余水无处排泄，致使地下水位升高，造成大面积内涝和次生盐碱化。

鉴于上述严重情况，1962年国务院在山东省范县召开会议，研究引黄停灌问题。停灌后，各地转向除涝、治碱，开挖排水沟，打通骨干排水河道，建立健全排水系统，经1962—1964年汛期考验，排水畅通，地下水位开始回落到接近引黄灌溉前的水平，农业生产得到恢复和发展。

（3）复灌到稳固发展阶段（1965年至今）

1964年，济南地区为改造沿黄洼地，恢复运用虹吸管，引黄河水改种水稻获得成功，并把一些荒滩碱地改造为良田。同年，河南省成立稻改委员会，组织农业、科研、水利等有关部门，进行稻改试验，并取得成功，为恢复引黄灌溉提供了经验。

为了稳妥发展黄河下游引黄灌溉，水电部于1966年3月派工作组到下游灌区进行调查研究，复函河南、山东两省同意恢复引黄灌溉，并指出："要积极慎重，所有引黄灌区均应编制规划设计，做好灌排和田间工程配套，防止再次发生盐碱化。"从此，河南、山东两省又重新恢复引黄灌溉。

河南省本着积极慎重的原则，将原先不适应当地情况的大灌区改成几个小灌区，大型引黄渠首闸有的停用，有的改成小闸；山东省则控制渠道引水量，两省还新建一批中型引黄灌区，20 世纪 70 年代又新建一批大型引黄灌区。

恢复引黄灌溉以后，黄河水利委员会（简称黄委）及时总结经验教训，自 1980 年以来，为适应引黄灌溉进一步发展的要求，除投资改建和新建引黄涵闸外，同时审批了引黄灌区的规划，调配引黄水量，加强引黄灌溉技术指导，开展科学研究，培养基层灌溉管理干部。

黄河下游引黄灌区自 1965 年以来，引黄水量逐年增加，灌溉面积不断扩大，20 世纪 70 年代进入稳定发展阶段，80 年代以来，引黄规模不断扩大。据 2000 年不完全资料统计，黄河下游共计有各类引黄涵闸、虹吸 92 处，大小扬（抽）水站 75 处，共计 167 处，设计引黄能力达 4000m³/s 左右，引黄灌区规划总土地面积 64076km²，耕地面积 5863 万亩，总设计灌溉面积 5369 万亩，有效灌溉面积 3221 万亩，实际灌溉面积 2962 万亩。黄河下游灌区集中连片分布在河南、山东两省的沿黄地区，已发展成为国内最大的自流连片灌区和商品粮基地。目前，黄河除向下游两岸农业供水外，还担负着向北京、天津、青岛等地的城市供水。

二、黄河下游地区治理方略的发展和分析

（一）黄河下游地区治理方略的发展

从大禹治水至今，已有四五千年之久，自秦汉至今两千多年间，治黄的理念与实践已有相当之多，大体可将治黄思想分为"束水攻沙"与"宽河滞沙"两大类型，历史上的黄河治理方略的博弈便是围绕这两种思想展开的。

1. "宽河滞沙"的成功

最早在夏朝之前，便已经存在"束水攻沙"和"宽河滞沙"两种治黄思想的博弈了。共工"壅防百川，堕高堙庳"以及鲧"鲧障洪水"其实就是用土石砌成堤坝来限制洪水，在客观上发挥"束水攻沙"的作用；而大禹的"疏川导滞""予决九川，距四海"，是将黄河的洪水分开支流汇入大海，在客观上发挥

"宽河、分流、滞沙"的作用。大禹、共工、鲧等人的治水理念，可以说是"束水攻沙"和"宽河滞沙"的第一轮博弈。很显然，在第一轮博弈中，滞沙派获得了胜利。自大禹治水至北宋，除短期（公元前132—公元前109）内因瓠子决口而入淮之外，黄河向北流入渤海，入海流路周边人烟稀少，地域广阔，这段时期内治理黄沙的主要策略是"宽河、分流、滞沙"。

汉朝时期，人类活动对黄河中下游的影响越来越大，致使黄河的输沙量急剧增长，黄河下游地区泥沙淤积越来越严重。建平元年，黄河的常水位比堤外地面高出了5~7米，再加上下游堤坝的修建，阻碍了洪水的向下排泄，使得河患愈加频繁。绥和二年，贾让应诏上书，提出中国历史上著名的治河三策，其基本思想就是贯彻"不与水争地"。但遗憾的是，"贾让三策"只停留在理论层面上，并没有被真正落实。永平十二年，王景受命治理黄河，采取了宽河固堤的方法，"修渠筑堤，自荥阳（今郑州北）东至千乘（今利津县境内）海口千余里"，因势利导，宽河行洪。其"十里立一水门"的举措十分具有创造性，成功地分流、滞沙。所谓的水门，其实就是现在的溢流堰。水门具有分水分沙、淤滩固堤的功能，而清流的倒灌则具有冲刷河道和稳定主槽的功能。"束水攻沙"的理念在此时就已经萌发，西汉大司马史张戎曾提出过"顺水之性、疾水冲沙"的观点，但却没有提出具体的实施方案。王景为"宽河滞沙"的重要代表人物，黄河在其治理后的800年内一直比较安宁，未出现过较大的洪涝灾害。

2."束水攻沙"的兴起

"宽河滞沙"的治水策略因人口增加和土地占用而受到了制约。自从南宋为了阻挡金兵而在河南滑县决口后，黄河的支流就在很长的一段时间内沿着泗水夺淮入海。明代弘治初年，有三股支流从下游流入大海，至嘉靖四十四年，下游已分为13支分流，基本没有主流河道。从南宋到明朝，黄河下游的输沙量不断增加，多条支流并流，此淤彼决。到了明代晚期，为了保证漕运和保护陵墓，既要防止黄河北决，又要防止南决，所以黄河的河道一直维持在徐淮一线上。从正德到嘉靖六十年间，先后出现过三四十位左右的总理河道大臣，但大部分都对河患毫无解决办法。在这种背景下，潘季驯作为黄河治理历史上的第二位实践者出现了，随之而来的还有"束水攻沙"的治黄思想。嘉靖四十四年到万历二十年

（1565—1592 年）间，潘季驯四次总理河道，治理黄河近十年，"束水攻沙"的治黄方略便由他提出。在理论方面，潘季驯对水流挟沙力的概念进行了定性解释，他发现水流流速较低时，泥沙阻力较小，河床淤浅；而高流速的水流则会产生较大的水流挟沙力，河床会被刷深。在实践方面上，潘季驯始终坚信黄河下游的治理应该合并而并非分流。因为"分则势缓，势缓则沙停，沙停则河饱"，而"水合则势猛，势猛则沙刷，沙刷则河深"。在具体的实践中，"筑堤束水"，"以河治河，以水攻沙"，采用堤防淤滩固堤，缩小河道断面，提高水流速度。同时，潘季驯也意识到清水的挟沙力高于浑水，通过修建高家堰堤，将淮河洪水引入黄河来减少河水的泥沙含量，增强了河水的挟沙力，从而增强了河道的冲刷能力，也就是所谓的"蓄清刷黄"和"以清释浑"。潘季驯治理黄河就是从黄河的泥沙淤积入手，找到了水沙运行的根本规律，并将其应用于治水之中，对后世的治水有很大的影响。此后，"宽河滞沙"被"束水攻沙"的观念所取代，潘季驯在两种思想博弈的第三个回合取得了胜利。

　　黄河在清代前中期基本上保持了明代后期的河道格局，黄淮两河并流汇入黄海。黄河下游的泥沙流量在清代不断增加，造成了严重的泥沙淤积，经常发生决口洪水。清王朝十分重视黄河的治理，康熙将"三藩、河务、漕运"三项重要的事情都写在了皇宫的柱子上。康熙十六年，靳辅被朝廷封为河道总督，这是治黄历史上的第三个重要人物。在靳辅治理黄河的时候，陈潢作为幕宾来提供资料、数据和设计方案。靳辅、陈潢对黄河治理的研究，在很大程度上继承了潘季驯"束水攻沙"的思想，同时也和分流减灾进行了结合。他们针对黄河多沙、洪水陡升陡降、河床淤积严重、堤防失修等情况，提出了"筑堤束水，以水攻沙"与疏导相结合的思路，对黄河进行了整治。靳、陈二人以"束水攻沙"为指导，对清江浦到海口长达 150km 的河道进行了疏浚和"疏浚筑堤"。在淮河的出湖口处，开凿了 5 条引河，将淮水从清口引到黄河，用清水冲刷黄河泥沙，再河淮并流汇入大海。修建"缕堤""遥堤"，以实现刷沙、治水的目的。根据实际情况，在河岸上系统地修建了大量的"减水坝"，以备不时之需，在异常洪水分洪的时候使用。高家堰堤防加固后，又在清口至清水潭之间，挑挖了 115km 的运河河道，以通漕运。靳辅主持治水、治运五年，修建河、运堤防，堵住大大小小的决口，加固了高家堰的堤防，让大河重新回到故道。靳辅治理黄河后的十年中，河道没有决口，漕运畅通无阻。靳辅、陈潢在黄河治理上的成功实施，使"束水攻沙"的治河策略得到了进一步的发展。

3. "宽河滞沙"的现代进步

铜瓦房于咸丰五年决口，标志着长期以来黄河夺淮入海的局面宣告结束，黄河从此转向山东利津附近汇入渤海，该行水路线到现在还没有发生改变。从1855年到1949年，中国战乱不断，动荡不堪，黄河因缺乏有效治理而洪水泛滥。1938年，国民党部队炸开花园口来阻挡日军的进攻，在花园口至淮河段形成了一个黄泛区，全长约400km，宽10~80km。花园口堵口于1947年得到填补，黄河重新回到故道。

中华人民共和国建立后，为治理千疮百孔的黄河，王化云这一治黄史册上的第四代宗师站了出来。

王化云是治黄先锋，是人民治黄的探索开拓者，四十多年来一直致力于黄河治理，并在治黄的实践中，他与同事们总结出了一套治黄方略，并在实践探索中不断完善。"宽河滞沙"是王化云治理黄河的主要思想，并提出了"宽河固堤""蓄水拦沙""上拦下排，两岸分滞""调水调沙"和"拦、用、调、排"等一系列治黄方略。"宽河固堤"的目的在于解决汛期下游堤防决口的危险，通过加固堤防、整修险工、废除民宅、开辟滞洪区等措施，使下游的防洪局势发生了初步的变化。三门峡水利枢纽作为"蓄水拦沙"项目的首期重点项目，在三门峡水库运行后发生严重淤积，两次改建、使用模式改变后，王化云意识到"蓄水拦沙"存在着片面性，随之提出了"上拦下排"的治黄战略，并于1975年增补为"上拦下排，两岸分滞"，用来在特大洪水发生的情况下使用。黄河水少沙多、水沙不均衡，王化云建议在主干流域建设小浪底等七大水库，并进行统一调度，调水调沙，实现排洪、排沙入海，以此来解决黄河水少沙多、水沙不均衡的问题。王化云的治黄理念是黄委后期推行的"拦、排、调、放、挖"治黄策略的重要基础。黄河的治理开发与保护在经过大量的尝试后，已取得了卓越的成绩。黄河干流先后建成龙羊峡、刘家峡、三门峡、小浪底等水利枢纽，对黄河下游堤坝进行了1371公里的四次加高培厚，并在北金堤、东平湖等开辟分滞洪区，初步形成了"上拦下排，两岸分滞"的防洪工程体系，改变了历史上经常发生决口改道的险情，创造了中华人民共和国建立至今伏秋大汛没有发生决口的奇迹。

目前黄河下游河道采用的治水策略是"稳定主槽、调水调沙、宽河固堤、政策补偿"，至今仍坚持着从人民治黄治沙实践中总结的洪水泥沙综合治理思想，加强了人水和谐，促进了黄河健康发展，强调了水、沙的调节作用，协调水沙关系，使得"宽河滞沙"战略得以进一步提升。从总体上说，新的黄河治理方略能更好地利用黄河宽滩区的滞洪沉沙功能，便于防洪调度，并从"二级悬河"治理、滩区安全建设、落实滩区运用补偿、河防工程等方面，为治理下游河段、促进滩区人民的生产与发展创造有利条件。

（二）黄河下游地区生态治理战略分析

1. 治理方略的效果

从"宽河滞沙"到"束水攻沙"，再到现代"宽河滞沙"，这是我国治黄战略的演变过程。自明朝潘季驯治黄以来的四百年里，"束水攻沙"是黄河治理的主要理念，深受国内外治水学者的重视。美国的费礼门（John R. Freeman）、德国的方修斯（Otto Franzius）和恩格斯（Hubert Engels）等国外学者尽管对黄河的管理有不同的见解，但他们都认为自己与潘季驯的观点是一致的。

虽然"束水攻沙"的理念受到了诸多赞誉，但是在实践中的作用却远不及"宽河滞沙"。"宽河滞沙"是王景、王化云治黄的主要思路。潘季驯、靳辅则以"束水攻沙"为基本策略。攻沙和滞沙两者之间有着明显的区别。自王景治河以来，一直到唐朝末期，黄河在八百年里都没有遭受过大的灾难，黄河大堤在王化云治水理念的指导下，一直没有发生过溃决的情况。潘季驯、靳辅治理黄河后，黄河决溢的次数大大降低，然而黄河获得的平静并不长久。短短十几年之后，黄河再次泛滥，决溢的频率更是超过了以往。然而，论治黄的历史，王景、王化云的名气，或许还不如潘季驯、靳辅，正所谓"善战者无赫赫之功"。

20世纪初期，"宽河滞沙"和"束水攻沙"的争论也在西方学界逐渐展开。1919年美国工程师费礼门对黄河水沙进行了考察和测量，并对潘季驯"束水攻沙"的策略赞不绝口，指出造成黄河治理困难的原因就是下游堤距过宽。这一观点引起了有关"宽河滞沙"与"束水攻沙"的争论。1923 年，德国著名的河工模型试验专家恩格斯在费礼门的委托下，进行了黄河修建丁坝收缩河槽的模型试验，恩格斯因此对黄河的研究产生了浓厚的兴趣，并在黄河的治理上提出了一种有别于费礼门的观点。1928 年，恩格斯的学生方休斯受雇于中国，对淮河、大运河和黄河进行了研究，提出了与费礼门一样的缩小堤坝间距的建议，并在 1930 年 9 月至 11 月期间与恩格斯来往 20 多封书信，进行激烈的辩论。这一争论促使德国针对黄河模型研究得以进一步开展，方休斯于 1931 年在汉诺威以及恩格斯于 1932、1934 年在奥伯纳赫分别进行了清水、浑水、宽窄堤距的实验，结果却不相同。恩格斯认为，宽堤坝在防洪上优于"束水攻沙"，因此提出维持宽河道、固定中水主河槽的建议，但方休斯得出了相反的结论。美国华裔科学家颜本琦比较了两人的试验报告，得出结论：因为方休斯在试验中没有对尾门进行控制，导致下游水位完全不同，因此其实验数据无效，所以恩格斯的结论更为正确。

2. 治理方略的思考

其实在治黄方略上究竟是采用"束水攻沙"还是"宽河滞沙"，两者并不矛盾，二者应是局部与整体、短期与长期的关系。若只注重局部地区的治理，追求短期效益，则"束水攻沙"的策略将取得更为显著的效果。

然而，"束水攻沙"必然会引起攻沙河下游出现泥沙淤积问题，或者一段时间的围沙。攻沙处愈多，淤泥处便愈多。只有在下游每一处都进行"束水攻沙"，才能防止泥沙在河道中淤积从而被排到海里。高含沙量的水流是非常不稳定的，任何干扰都有可能造成局部的泥沙沉降或河槽的急剧变化，这些扰动主要有支流汇入、河槽局部变宽、分流引水、存在桥梁或沉船等阻水物……另外，"束水攻沙"会使河口迅速扩展，造成河床水位的进一步升高，从而导致河流输沙的长期问题。所以"束水攻沙"策略的具体应用必须有极高的技术作为支持，而且要时刻注意，这样才能起到立竿见影、局部和临时的作用。就像潘季驯、靳辅所领导的治黄工程，虽然效果显著，但是黄河却只是暂时平静了下来，在两个治水大师离去之后，黄河很快就重新泛滥，决溢的频率也越来越高。万历十九、二十年，泗州城遭淮河洪水淹没；康熙十九年，泗州全部被淹而消亡，其中一定程度上是由于"束水攻沙"的长期效应所致。

"宽河滞沙"的方略与"束水攻沙"的策略相比，更注重的是流域体系整体和长远的影响。针对黄河水沙不均衡的局面，采取滞洪落淤、淤滩冲刷等措施，彻底消除黄河下游河床的淤积问题，达到了长治久安的目的。它的功能体现在：拓宽河道可以减缓蓄洪量，减少洪峰，缓解下游河段的防洪压力；滩区落淤会使河床的抬高速率降低；利用洪水期滩槽间的水流交换，维持河槽的泄洪和输沙能力；滩区的淤积可以降低输向河口的泥沙，使河道的延展长度变短，从而使河道的使用寿命大大延长。大禹治水和王景治水之后，黄河经历了两个相对较长的安流期证明了"宽河滞沙"的作用。除此之外，以王化云的治水理念为基础，对治黄的理论和实践进行了进一步的完善和发展的人民治黄也使黄河稳定了70余年（图3-3-1）。

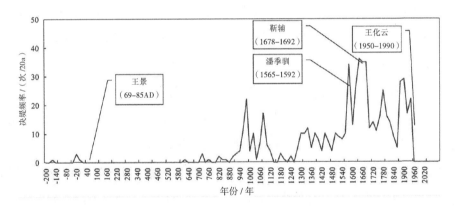

图 3-3-1　黄河决堤频率历史过程

关于黄河"宽河"与"窄河"的治水策略，一直存在着争议。从长期的历史角度来看，黄河地质性质并未发生根本改变，黄河下游不可能存在一条流动路线永久不变的河道，唯一能做的，就是尽量保持已有的流路，并在加固原有大堤的基础上，留出黄河所必需的游荡空间和黄河尾闾必要的摆动空间。有学者从下游防洪、河道冲淤的影响、治理效果、经济指标、治理风险等方面对这两个方略进行了对比，提出了"宽河"更适合黄河下游治理的建议。齐璞等人认为，黄河窄深河槽具有很好的泄洪、输沙能力，建议在下游游荡河段采用双岸治理，形成一条高效的输沙排洪渠道。

从 20 世纪后期开始，黄河的含水量有了很大的改变。在 1997—2018 年，年均径流和输沙量都降到了历史最低点，黄河的水沙运动与演化规律发生了新的变化，制定黄河在新水沙环境下的治水策略迫在眉睫。从"束水攻沙""宽河滞沙"两种治河策略的历史实践效果来看，可在新水沙条件下，采取新时期"宽河滞沙"来治理黄河，同时采取"束水攻沙"的策略对局部河段进行治理，以达到两者相结合的目的。

第四章　黄河流域产业发展探究

本章主要介绍黄河流域产业发展探究，主要从三个方面进行阐述，分别是黄河流域农业高质量发展概述、黄河流域旅游业高质量发展分析、黄河流域城市产业绿色发展探究。

第一节　黄河流域农业高质量发展概述

一、黄河流域农业概况

（一）黄河流域农业资源条件

1. 土地资源

我国的土地资源十分短缺，人均国土面积只相当于世界人均国土面积的35.5%，人均耕地面积仅相当于世界人均的31.7%，而黄河流域面积广大，土地资源相对丰富。流域面积达100万平方公里，流域内现有耕地1.9亿亩，占全国耕地总面积的13%，在全国七大江河中位居第二；流域内总人口近1.1亿，平均每人占有耕地近1.8亩，是全国人均占有耕地面积的1倍多。在流域范围内辽阔的土地上，既有高地草原、黄土高原，又有石质山岭、冲积平原，还有沙区、林区、峡谷和湖泊，这些复杂的地形地貌类型，为农林牧渔经济的发展提供了较好的自然条件。

2. 光热资源

黄河流域内大部分地区太阳辐射强，日照时间长，气温日差大，积温有效性高。多年平均太阳辐射总量变化在110~150千瓦/平方厘米，日照在2000~3200

小时，大部分地区年平均气温在 5~14℃；日平均温度大于 10℃的积温大都在 2500—4500℃之间，多年平均降雨量为 478 毫米，60%~80% 集中在 6—10 月份。

3. 水资源

多年以来，相比于长江流域，黄河流域有着 478 毫米的平均降水量，和 3600 亿立方米的年降水总量，不足前者的一半。降水在地形、气候等因素的影响下，呈现出很不均匀的特点。站在地理分布的角度，三个梯次区别明显：从同德至同仁、兰州、海原、靖边、东胜一线以南和湟水上中游及大通河地区，年降水量在 800~400 毫米之间；此线以北，与景泰至中宁、临河等地附近一带之间和玛多以西地区，年降水量在 400~200 毫米之间；其余部分则有着 200 毫米以下的年降水量。降水的时间分配十分集中，全年降水量的 65%~80% 都集中在每年 6—10 月份，降水的全盛时期则在 7—8 月。

虽然整体径流量不及珠江、长江、松花江，但黄河也有着 560 亿立方米的平均天然径流量，居于我国 7 大江河中的第 4 位。但是，河口镇以上占黄河河川径流量的 53.9%；河口镇至龙门占 12.5%；龙门至三门峡区间占 19.5%；三门峡至花园口及花园口以下来水分别占 10.5% 及 3.6%，分布很不平衡。黄河流域地下水资源比较贫乏，反映在黄河流域的水资源模数上，其仅为 5.7 万立方米 / 平方公里年，比全国 9 万立方米 / 平方公里年的平均模数的水平要低，更低于长江流域水平。计算得出，黄河流域只有 450.70 亿立方米 / 年的地下水天然资源，有 119 亿立方米可开采利用量，其中，16 亿立方米位于山丘区，103 亿立方米位于平原区，分布的主要地区为宁蒙平原、汾渭平原和花园口以下地区。

4. 林草资源

黄河流域的林草资源较为丰富，尤其是草资源相对丰富，青海、内蒙古、甘肃等省区都有着广阔的草原，为发展规模牧业提供了良好条件。

（二）黄河流域农业生产布局

黄河流域农业生产布局，就是要把农、林、牧、渔合理地布局在不同的生产点上，宜农则农，宜林则林，宜牧则牧，宜渔则渔，从而充分发挥资源条件优势，获得比较效益，最终求得农业的最大发展。就目前看，黄河流域农业生产还存在着较为严重的不合理布局状况，有必要重新进行合理布局，实现因地制宜的规模经营，提高农业经济效益。

1. 农作物生产基地布局

（1）粮食生产基地

作为粮食产区，黄河流域对我国十分重要，与长江流域相比，黄河流域的粮食生产基地虽然多数面积较小，但数量众多，大多数布局在黄河及其支流。主要包括青海省的柴达木盆地、海东灌区；宁夏的银川平原灌区；甘肃的陇西和陇东高原商品粮基地、河西走廊；内蒙古的土默川平原粮食基地、河套灌区；山西的晋东南、晋中粮食基地；山东的南四湖沿岸、泰莱平原、胶东半岛粮食基地；陕西省的汉中盆地、关中平原粮食基地；河南省的太行山、伏牛山前沿粮食基地、黄淮海平原粮食基地等，其中，宁蒙河套平原最为著名，享有"黄河百害，唯富一套"的美誉；关中平原则有"八百里秦川"之称，黄淮海平原面积达 2500 万亩，有着达 3200 万亩的播种面积，在进一步发展后，可达到近 4000 万亩。小麦、玉米等旱作粮食是其主要盛产。

（2）经济作物生产基地

甜菜、油料作物、烟叶和棉花是黄河流域的主要经济作物。内蒙古的河套平原和土默川平原主要种植甜菜，黄河中、下游的广大地区则主要分布着油菜，山东的胶东半岛和河南的黄淮海平原相对集中种植花生，河南的平顶山地区和三门峡地区盛产烟叶，山东和河南的平原地区大面积种植棉花。

2. 林业生产基地布局

黄河流域的林业基地，主要包括青海的青东、青南林业基地；甘肃的陇南山、白龙江、甘南高原、子午岭林业基地；宁夏的贺兰山、六盘山、罗山林业基地；内蒙古的"三北"防护林业基地；陕西的大巴山、秦岭、关山、桥山和黄龙山林业基地；河南的豫北太行山、豫西黄土丘陵、豫东平原、豫西伏牛山防护林、水土保护林、用材林、经济林基地；山东的胶东半岛、鲁西平原、鲁中南山区、丘陵区经济林、水源林、防护林基地。今后的发展方向是：采取相关措施，禁止滥砍滥伐，还耕于林，在此基础上切实强化防护林，巩固水源林，保持用材林，扩大经济林。

3. 畜牧业生产基地布局

黄河流域的牧业主要包括天然草原牧业和农区牧业。黄河上游的青海和内蒙古有着广阔的天然牧场，如青海的青南地区、环青海湖地区和柴达木盆地，内蒙古的科尔沁草原等均为我国的天然放牧区，主要出产马和羊及其肉、奶、皮、毛产品。在宁夏的西海固地区，甘肃的甘南高原，陕西关中平原，河南黄淮海平原、太行山、伏牛山区，山东、山西的农区则是羊、牛、猪、兔、禽类等生产基地。其中宁夏的滩羊、中卫羊为著名的裘皮羊；关中平原的秦川牛、关中驴、关中马；河南的泌阳驴、南阳黄牛、固始鸡；山东的青山羊、鲁西牛，甘肃的河曲马等均为全国有名的品种。

4. 渔业生产布局

黄河流域由于水资源的限制，渔业发展较为薄弱。今后应在充分发挥现有少量天然湖泊水面的作用的基础上，于黄河干流及其支流的水库及其城市附近开展大规模人工挖塘蓄水养殖，提高渔业生产水平，争取在 5 到 15 年里，实现本区渔业产品基本自给。

（三）黄河流域农业地位

综合来看，黄河流域是我国重要的大农业生产基地，具有适合农、林、牧、渔业发展的土、水、光、热资源。作为天然的牧场，黄河流域中游大面积广大，是我国生产羊毛、皮革和其他畜产品的重要产区，其中的宁夏滩羊皮饮誉国际市场，有"裘中珍珠"之称；内蒙古阿拉善的骆驼，青海的牦牛、紫羔，陕西省的秦川牛等都属于名贵畜产品。作为我国的主要粮、棉、油产区，流域中、下游盛产玉米、棉花、小麦、烟叶、油料及其他农产品。1992 年，沿黄 8 个主要省区（四川除外）农作物产量中，河南、山东有着名列全国前茅的小麦总产量，棉花产量仅次于江苏、湖北居第三位，山东名列第四。山东的油料总产量居全国之首，河南芝麻总产量是全国最多。河南、山东的烟叶和麻类都位居全国的前四名。内蒙古仅河套地区 7 个旗（县）的甜菜种植就占了全国 7.6% 的种植面积和 11.3% 的产量。山东、河南、山西和陕西也都有在全国名列前茅的水果总产量。有名的土特产包括兰州的白兰瓜、宁夏的枸杞、黄河中游干流沿岸的红枣、天水的花牛苹果等。肉嫩味鲜的黄河鲤鱼是名贵的水产，世界稀有的对虾也在河口地区产量丰富。这些农、林、牧、水产资源十分丰富，有利于发展生产、繁荣经济、提高人民生活水平。

二、黄河流域农业发展现状

（一）发展水平较为落后，发展潜力较大

根据国家统计部门提供的资料，黄河流域 8 省区 1994 年农、林、牧、渔业总产值 3417.15 亿元，平均为 427.14 亿元，比全国各省区平均农业产值 525.02 亿元水平低 18.6%，更比长江流域各省区平均农业产值的水平 667.95 亿元低 36 个百分点。

从主要农产品单位面积产量看，黄河流域 8 省区平均亩产粮食 222.7 公斤，棉花 30.7 公斤，油菜籽 86.4 公斤，分别比全国平均单位面积产量低 25.8%、41.0% 和 11.7%。

但黄河流域的农业发展得益于自然条件有着巨大的生产潜力。仅黄河上游至桃花峪一带的耕地就有 1.87 亿亩，其中坡耕地约占 2/3，如果逐年改造和建设坡耕地使之成为优质梯田，将会使土地理化特性得到很大程度的改善，大幅度增加土壤营养成分，促使农业生产发生巨大变化。目前全流域可供开垦和利用的荒地大约还有 1 亿亩。除此之外，还有 2.1 亿亩中低产田与 3000 多万亩荒地存在于由黄河冲积而成的黄淮海平原，以及可开发利用的数千万亩的沿海滩涂、黄河滩地和淡水水面。只要综合开发这些资源，很快就能够发挥出农业发展的潜力。自黄淮海平原中低产田改造被国家科委列为重点研究开发项目以来，黄淮海平原在短短几年的时间内就发生了巨大的变化。到 1990 年 5 月，已改造 1849.3 万亩中低产田，造林和恢复 340.5 万亩农田林网，改良 51.67 万亩草场，新增 39.26 亿公斤粮食，128 万担棉花，1.39 亿公斤油料。

（二）各省区间农业发展不平衡

由于自然资源的分布状况不同，加之原有的经济基础不同，黄河流域各省区农业发展的水平呈现出明显的地带性特征。居于黄河上游的青海、甘肃、宁夏、

内蒙古等省（区）农业基础较为薄弱，农业生产水平较低，1994年统计资料表明，青海省农业总产值为44.78亿元，甘肃为225.41亿元，宁夏为45.80亿元，内蒙古为164.1亿元；粮食亩产量分别为190公斤、155公斤、182公斤和165公斤。农业总产值和粮食单位面积产量均位居全国各省区的后几位，处于农业经济落后省份之列。位于黄河中游的山西、陕西两省农业经济状况有一定的改变，农民群众的生活水平稍有提高。但在黄河下游，无论从农业发展的整体看，还是农业的基础条件来看，比起中、上游地区都大有改观。下游的河南、山东两省是我国重要的农副产品生产基地，农业基础条件较好，发展速度较快。尤其是党的十一届三中全会以来，全面推行农业生产经营责任制，使农民群众的生产积极性得到极大调动，农业生产力得到解放和发展，农业生产出现了黄河流域历史上从未有过的好势头。1994年河南省农业总产值达到883.32亿元，在全国居第五位；山东省达到1387.03亿元，在全国居第一位。

黄河流域农业发展状况的特点，体现在流域内各省、市、区内不同地区农业生产发展水平的差异。各省、市、区农业相对最为发达的地区，甚至它们各自的经济中心大都是沿河沿江及其支流分布的地区。从黄河流域看，宁夏的经济虽然较为落后，却有"塞上江南"的美誉，"唯富一套"的河套平原就在其中，水网林海一派富庶景象，水稻亩产量达到了平均550公斤、最高850公斤。在黄河的辐射下，沿黄地区的农业迅速发展。比如宁夏河套平原，现引黄灌溉面积占全区耕地总面积的21.2%，为429.35万亩；粮油总产量占全区总产量的72.2%，为13.22亿公斤。此外，黄河水利事业的发展使晋、陕、豫接壤地区林茂粮丰，成为我国重要集中产出农副产品的重要商品粮基地。而农业在其他偏远地区的发展则相对落后。

（三）人工改善农业资源利用率

中华人民共和国成立以来的40多年里，党和政府十分重视黄河流域农业生产条件的改造和治理，沿黄各省区人民在各级政府领导下，在兴修水利、水土保持、防风固沙、植树种草、作物改良和培肥土壤等方面做了大量的工作，使得局部农业生产条件得到了改善，农业生产有了很大发展，水土保持工作效益显著。

由试验示范逐步走向全面治理，由单项措施的分散治理到以小流域为单元，不同区域分类指导的综合治理、科学治理。据统计，到1991年底累计开展治理水土流失面积16.78万平方公里，实际保存面积12.3万平方公里，占水土流失面积的28%，其中梯条田4300多万亩，坝地440多万亩，人工造林15097万亩，种草2700多万亩，已有近1/4的水土流失面积得到初步整治。此外，共建中小型水库2400余座，总库容106亿立方米，发展水浇地面积4800万亩，还建成水窖、涝池、沟头防护、谷坊、塘坝等辅助性水保工程3000多万处，并广泛地推行了先进的耕作方法和草田轮作、间作等农业技术措施。自1978年国家决定营建三北防护林工程体系后，黄河中上游林业建设有了较快的发展，如榆林地区原来是有名的沙海，沙区面积达2862万亩，占总面积的44.3%，实施造林工程后，采取人工造林、乔灌草结合，造封管结合，注重生态效益和经济效益的同步提高，现全地区造林保存面积达1093万亩，林木覆盖率由中华人民共和国成立初期的2%上升到目前的38.2%。黄河下游的低产田改造也取得了丰硕成果。据统计，1988—1990年6月，国家向曲周、禹城、封丘、宁陵、人民胜利渠、开封、寿光、蒙城等黄淮海平原综合治理实验区投放建设资金3.97亿元，改造中低产田466.5万亩，开垦荒地7.88万亩，营造农田林网283万亩，新增有效灌溉面积近200万亩，使盐碱地面积下降70%。

然而，由于黄河流域较差的原有农业生产条件和增速过快的人口，改造和治理农业生产条件仍然是一个十分艰巨的任务。目前黄河流域农业发展中的重要问题仍然是水土流失问题。黄河流域有75万平方公里的土地总面积，而水土流失面积占流域总面积的56%以上，达到43万平方公里，虽然每年都可见到治理的成果，但某些地区仍有一边治理一边破坏，甚至新增水土流失面积的问题。目前急需开发和整治中游地区大面积的宜林、宜草荒地荒坡，下游沿黄两岸的沙荒地、背河洼地、中低产田、盐碱地及沿海滩涂（主要是山东的872万亩），这项长期任务注定非常艰巨而繁重。

（四）水资源利用仍需合理规划

黄河流域的地区大部分属于干旱和半干旱，流域内农业生产发展受到黄河水资源的重要影响。中华人民共和国成立后，国家支持对黄河流域农田水利事业的大力发展，1949 年的灌溉面积为 1200 万亩，如今已增至 9000 多万亩，每年平均增长 177.2 万亩。宁蒙平原、汾渭平原和黄河下游平原三大片是黄河流域现有灌溉面积的主要集中地，占全流域 70% 的灌溉面积。新修建的水利工程，如青铜峡、三盛公两座枢纽工程保证了农用水源的充足使用，原来 500 万亩的灌溉面积增加到 1200 多万亩。宁夏引黄灌区是自治区的商品粮基地，1992 年产出了 130.8 万吨粮食，约占宁夏回族自治区粮食生产的 66%，引黄灌区还为内蒙古自治区提供了粮食。我国的汾渭盆地灌溉事业发展较早，建国 40 多年来，渭河关中盆地共建成大中型水库 20 多座，如冯家山、羊毛湾等；共建成 20 余处 5 万亩以上的大型灌区，渭河的宝鸡峡引渭灌渠、东方红灌渠和泾河的人民引泾灌渠，都有着百万亩以上的灌溉面积。当前汾渭盆地已经有 3000 多万亩的灌溉面积，超过了全河灌溉面积的 30%，与中华人民共和国成立前夕相比增加了 6 倍多，并且显著地发挥了增产效益。黄河下游引黄灌溉从无到有，一直在迅速发展。1952 年，人民胜利渠修建，为黄河下游引黄灌溉起到了示范作用。在此之后，72 座引黄涵闸、55 处虹吸工程、68 座扬水站已在黄河下游两岸先后修建。引黄闸在沁河口以下沿黄河的县、市都有修建，62% 的县、市有 2 座以上。目前河南、山东沿黄河 12 个地、市的 50 多个县已经有 2000 多万亩的引黄灌溉面积、500 多万亩的淤地改土，200 多万亩的改种水稻，还利用 40 多万个黄河泥沙淤平背河洼地、潭坑，明显改善了沿黄地区的生产条件，使农业生产迅速得到发展。

　　黄河虽然有着丰富的水资源，但因为日益增加的工农业生产需水量，沿黄地区出现了日趋突出的缺水问题。为了扩大耕地灌溉面积、粮食生产发展的目标的实现，就必须以黄河流域的社会经济条件和水土资源分布为依据，对灌溉的发展条件做到正确评价，拟定合理的开发程序，使利用水资源的经济效益得到提高，促进流域内农林牧业生产的发展。黄河流域不同地段的水资源开发利用应根据实际情况，采取合理规划、分类开发的方针。如兰州至河口镇地区，灌区工程配套较差，土地不平整，耕作粗放，大水漫灌，有水缺肥，有灌无排，水量浪费，不少地方粮食产量较低。在今后相当长的时期内，应集中力量进行现有灌区的配套改造，按照农、林、牧、渔业全面发展的要求，以防治盐碱和提高经济效益为中心，适当调整农业生产结构和土地利用布局，节约用水，合理用水。汾渭盆地是晋、陕两省政治、经济和文化的中心，土地平坦辽阔，农田灌溉已发展到了相当规模，当前存在的问题主要是水资源不足，工农业争水矛盾突出。要解决汾渭盆地用水，除靠兴建龙门水库外，还应注意节约用水，挖掘潜力，在临黄地区适当发展一部分抽黄高灌，以缓解两岸高地的干旱状况。黄河下游地处华北大平原，是国家粮、棉、油的主要产区，随着上中游工农业引用水量的增加，黄河下游枯水季节的可用水量将有所减少。因此，黄河下游引黄灌区应集中力量搞好灌区配套建设，节约用水，实行井渠结合，达到稳产高产目的。

三、黄河流域农业高质量发展战略

（一）全面推行大农业发展战略

黄河流域有着相对丰富的农用资源，尤其是土地资源和劳动力资源，农业生产有很大的发展潜力。所以，必须以大农业发展战略发展黄河流域农业经济，综合开发和合理利用农业自然资源，坚持"一优双高"的农业集约经营方针，推进农业的产业化经营，使农业生产条件逐步改善，最终形成的农业发展道路能够适合黄河流域不同地域特点、具有流域特色。

就黄河流域的实际看，长期以来由于土壤贫瘠化、水土流失严重及土地利用结构不合理而形成的粗放经营、广种薄收的经济结构是其农业发展存在的最大问题，所以，未来黄河流域发展农业应以发展大农业为主，以各种农业资源为战略重点，尤其是合理配置和有效利用土地资源及劳动力资源，并采取有效措施使水土流失、植被覆盖率低、土壤贫瘠化等问题得到根本上的解决，以基本农田的保证，粮食单产和总产的不断增长为基础，在各种经营因地制宜的开展中充分利用大量的荒山、荒坡、荒滩、荒沙，宜农则农，宜牧则牧，宜林则林，宜渔则渔，使传统的单一生产结构和农业资源不合理利用、低效利用以及大量浪费的不良局面得到逐步改变，适度规模经营农业，全面发展农、林、牧、渔各业，合理规划农、林、牧、渔结构，使农业内部各业之间形成的整体系统能够相互联系、相互制约、相互促进，从而将农业的最佳功能和最大经济效益和生态效益发挥出来。

（二）建立良性循环的农业生态系统

以水土流失严重为主的农业生态系统恶化是影响黄河流域农业发展的最大因素。不断加剧的水土流失使黄河流域农业逐步失去了生产条件，如冲走土壤有机质、对土地肥力造成损坏。被破坏的植被，一方面对气候造成影响，减少降水，增加了风沙等恶性天气，另一方面阻碍了土壤涵养水分的能力，使农业发展受到干旱的直接威胁。所以，良性农业生态系统的建立，是促进黄河流域大农业发展的关键。

1. 改善农业生产条件

农业生态系统的最基本因素是农业生产条件。从根本上说，黄河流域农业生态系统恶化的根源在于不断恶化的各种农业生产条件，所以，良好农业生态系统的建立，必须将优化农业生产条件放在首要位置。一是大力植树种草改善中上游地区，保水保土，防风固沙，避免风袭水劫破坏土地资源，奠定最基本的土地资源基础保护农业发展。二是再生和非再生两种自然资源的保护。在种种原因的影响下，黄河流域农业自然资源破坏严重。所以，未来必须加强自然资源保护措施，尤其是保护非再生资源，奠定农业可持续发展的基础。三是通过广泛应用各种农业耕作和生产技术，促进土壤条件改善，土壤肥力增强，地貌结构调整，使土壤对水流冲刷的抵抗能力得到最大限度的提高。四是化肥农药的使用更加合理，使化肥农药对土壤和植被的破坏逐渐减轻。五是将临汾等地区综合治理的经验推广，逐步增加治理投入，增加农民收入，提高综合治理效果。

2. 建立良性循环生态系统

农业生产条件的改善，为农、林、牧、渔各业的发展创造了条件。而农、林、牧、渔的协调有序发展则是农业良性生态系统的具体体现。

建立黄河流域农业生态良性系统的思路是：在流域农业生产条件不断得到改善和优化、农产品产量能够满足需要、流域农村人口业已摆脱贫困并不断更新观念的基础上，根据流域上、中、下游的不同地区特点，充分发挥各自的优势，大力发展农产品深加工，延长农业产业链，增加附加值，逐步变资源优势为经济优势，变产品优势为商品优势，大幅度增加农民收入，提高农民生活水平。同时，优化农业内部农、林、牧、渔各业之间的结构关系，促进农业经营方式由粗放型向集约型转变，根据各业的不同特点，分别采取劳动密集、资金密集、能量密集、技术密集等不同的集约经营方式，使流域农业逐步走上现代化良性发展之路。

（三）推进产业化和市场化

随着我国国民经济的迅速发展，国家战略重点向中西部地区的转移，一方面对黄河流域的开发提出了更高的要求，另一方面也为黄河的治理、保护和农业发展提供了更为雄厚的物质基础和政策条件。

黄河流域水土流失的有效治理以及农业灌溉条件的改善将推动整个流域农、林、牧、副、渔业全面发展，使其成为我国重要的农产品生产基地。经过长期的治理和不懈的努力，该地域的战略地位日益提高，将成为我国最大的农林牧综合发展的大农业基地带之一。黄河下游包括黄河冲积区，横跨冀、豫、鲁、皖、苏5省，占全国总耕地面积的 20.1%，还有可开垦的荒地 3000 多万亩，堤内滩地 300 多万亩，加上光照充足、雨量充沛，下游将是我国农业综合开发的重点，依靠科技进步，实行集约经营，必将成为提供商品粮和商品棉最多的基地之一，中游以黄土高原为主体，随着黄河及其支流的治理，"科技兴农"事业的发展，这片昔日支离破碎、沟壑纵横的黄土高坡将会重新披上绿装，形成以小流域为单元、各具特色的林、农、牧、渔业基地。黄河中游地区大规模的开发有望在下世纪初开始，各省区、各地区要顺应国内外市场的需求，发展当地的主导产业，形成一批拳头产品，实行区域化布局、专业化生产、一体化经营、社会化服务，积极有序地推进整个流域农业发展的产业化和市场化进程。具体做法如下。

一是调整农业结构和农产品结构，引导农民面向市场，使农业高产优质高效发展。将传统的单一农业种植结构打破，推动农副产品为原料的轻工业和运销业的大力发展，继续把发展乡镇企业作为战略重点，振兴农村经济，尤其要加强发展黄河中上游地区的乡镇企业，从而实现农村一二三产业的协调共同发展。

二是引导连接分散经营的农户与市场需求，帮助农副产品及其加工做到适销对路。保持与完善以家庭联产承包为主的责任制，为农民进入流通领域提供支持和引导，促进农业社会化服务体系的建立健全，将产前、产中和产后的系列化配套服务提供给农民。

三是合理布局农产品加工业和其他乡镇企业，适当向小城镇集中，并结合农村小城镇建设，推动小城镇逐步发展为区域性的经济中心。农民步入市场的主要通道就是农村小城镇，要依托现有的集镇搞好小城镇建设，科学规划，合理布局，逐步实施。

国家还应增加对黄河流域农业基本建设的投资，加快流域经济的快速发展。在目前黄河流域农村经济发展水平较低的情况下，加大对农业的投入力度，特别是对上中游地区农业资源的开发利用给予资金和技术上的倾斜。同时采取积极有效的措施，吸引各方面的资金，这将对黄河流域农业和农村经济快速、健康发展起决定性作用。

第二节　黄河流域旅游业高质量发展分析

一、黄河流域旅游业发展现状

（一）黄河流域旅游业总体现状

1. 黄河流域旅游资源现状

黄河流域包括9个省（区），有着复杂的地貌特征，涵盖了多种地形，如山地、平原、丘陵、高原和湿地等，还包括多种自然景观，如瀑布、峡谷、河湖、沙漠、草原等。作为华夏民族的母亲河，黄河流域有着悠久的历史与文化孕育，如礼乐文化、民族文化、游牧文化、农耕文化和饮食文化等。

首先，站在人文角度，黄河流域分布着我国八大古都中的四个，分别是洛阳、安阳、西安和开封。44个民族广泛分布在黄河流域内，如汉、蒙、土、保安、哈萨克、藏、满、回、裕固、东乡等，由于人文交流受到文化、经济与交通等方面的制约，这些地区和民族完善地保存了许多原汁原味的生活风貌、传统文化和民族文化，有着特色十分鲜明独特的浓厚的民族风情，提供了良好的发展机遇，从而促进了黄河流域旅游业的发展；其次，从文化遗产角度看，黄河流域共有 19 处世界文化遗产，如龙门石窟、敦煌莫高窟、秦始皇陵及兵马俑坑、安阳殷墟、平遥古城、曲阜孔庙等，占我国文化遗产总量的 34.5%。最后，从节庆角度看，有丰富多样的节庆旅游活动在沿黄省区举办，如白银"大峡黄河奇观旅游节"、甘肃的"黄河文化风情旅游节"、青海的"国际黄河旅游节""黄河文化旅游节""黄河艺术美食节""黄河寻根溯源国际自驾车旅游文化节""黄河风情旅游节"和"黄河源游牧文化旅游节"。同时，从自然景观角度看，黄河流域拥有四座我国的五岳名山，分别是华山、泰山、恒山和嵩山。黄河流域具有源远流长的历史、底蕴深厚的文化、类型丰富的旅游资源，体现出种类多样、总量巨大、价值极高的特点，旅游市场发展空间非常大。

2. 黄河流域旅游业现状

随着文旅融合的进程不断推进以及居民消费水平的逐渐提高，近年来人们也发展出了各种各样的旅游需求。2019 年国内旅游人数同比增长 8.4%，为 60.06 亿人次。国内旅游收入同比增长 11.7%，达 5.73 万亿元。国际旅游收入同比增长 3.3%，达 1313 亿美元。当前，GDP 的增速已被旅游经济的增速超过，国内旅游市场稳步增长，形势一片大好，入境旅游市场也日渐稳固。与此同时，两大发展机遇摆在黄河流域人们的面前：一是人们日渐发展出更多的旅游需求，要求高质量的旅游服务和旅游产品，这推动着沿黄省份需要促使旅游发展质量大力提高，加快了旅游业供给侧的结构性改革，使人民的幸福感提升；二是在国家战略层面推动黄河流域生态保护和高质量发展，党中央已开会审议《黄河流域生态保护和高质量发展规划纲要》，对新时代机遇对推动黄河流域旅游业高质量发展具有的重要意义做到充分把握。黄河流域有着十分丰富的人文旅游资源，随着地方政府给予旅游业在财政方面更大力度的支持，旅游业已作为重要支柱推动国民经济发展。

（二）黄河流域旅游业发展面临的问题

1. 基础设施发展落后

以下两个方面是基础设施发展水平低的主要体现：一是黄河流域的公共基础设施缺乏科学性建设，投资水平低。如甘肃的甘南、平凉、临夏等地方的旅游发展大多是依靠市场力量的支撑，资金缺乏就会导致交通设施投资水平低，致使旅游地交通条件不便，难以得到旅游消费者的青睐。如具有典型的线状旅游结构的甘肃甘南藏族自治州，这个地方没有交通连线，路面坑洼的问题依然存在，作为一大难题制约着甘南旅游业的发展。二是消费者的步伐超越了旅游服务的配套设施。如今，旅游消费者对旅游服务与旅游产品品质提出了越来越高的要求，导致旅游消费者们的需求逐渐甩开了旅游服务设施。

2. 政府监管力度不足

以下两个方面是政府对旅游业监管不足的主要体现：一是不完善的相关体制机制，这一关键影响因素制约着黄河流域旅游业的高质量发展。如甘肃省在金融方面就有着不完善的监督机制，而旅游投资市场大量地涌入金融资本，将导致无法保护旅游资源和旅游景区的自然风光，旅游业的过度跟风开发，则会导致大量的同质化出现，致使游客的出现审美疲劳。二是黄河流域内的各个省（区）比较缺乏常态化旅游合作推进机制，如一些成熟的省—省、市—市之间协调合作机构，以及成熟的跨区企业和行业协会等，都有待于进一步加强协调工作。黄河流域旅游业的发展还处于低层次的合作阶段，由于过于自由的旅游市场和过高的市场交易成本，非常紧密的区域合作关系当前还未出现，所以，政府的进一步监督、引导和规制对于未来的旅游市场十分重要。

3. 区域发展不平衡

目前，黄河流域的旅游业仍然被粗放式经营，其总体发展质量不高。以下两个方面是黄河流域旅游业发展不平衡和不充分的具体体现：一是流域内的旅游效益只有较小的辐射力度，即旅游产生的经济效益只能辐射到有限的范围，对当地并不具备足够高的经济贡献程度。二是旅游资源上的体现，黄河流域内一些省份，如四川、陕西、河南等，有着十分丰富的旅游资源，但如内蒙古、甘肃、宁夏等旅游资源则比较匮乏。

4. 品牌打造不够深入

沿黄各省份对于树立旅游品牌缺乏意识，导致黄河流域对于旅游品牌打造的意识还不够强烈。关于旅游供给，旅游品牌是最容易忽视的。虽然打造旅游品牌在很多政府报告里多次被提到，然而并没有实际行动，只是存在于口头上，关于旅游品牌对旅游业发展带来的长期效益，众多的旅游管理者并未真正意识到。旅游品牌意识淡漠，造成思想上缺乏对旅游价值的认识。除此之外，部分地区在打造旅游品牌中，只追求短期效益，缺乏品牌远景规划。

5. 产业内部问题突出

产业内部专业型人才缺乏是旅游产业内部的主要问题，同时也是导致旅游产业高质量发展缺少足够内生动力的原因。部分专业人才受到黄河流域内部不平衡经济发展的影响，走向外流之路。地区越贫困，当地旅游发展在旅游人才数量和质量结构上的需求就越无法得到满足，特别是在流失一些旅游高级管理人员、高端复合型人才之后，旅游产业内生动力不足的问题就显得更加突出。

6. 产品有效性供给不足

旅游产品的有效性供给不足导致旅游产品结构性失调是我国旅游业一直面临的问题。伴随着物质生活水平的不断提高，人民逐渐增大了对于旅游的需求，节假日，人满为患已经成了大多数旅游景区的常态，旅游消费者休闲放松这一基本目的已经无法得到满足。同样，旅游产品的创新能力不足、供给结构升级过程较为缓慢的问题也存在于黄河流域，一定程度上制约了人民的旅游需求，甚至出现"国内挣钱国外花"的局面，这是流域内旅游商品的附加值低、产品服务水平低、同质化严重以及供给结构不平衡、不合理等问题所致。

7. 区域一体化意识淡薄

旅游业是一种综合性产业，涉及范围广泛。现在的黄河流域尚未形成统一的联合开发能力，一体化的意识还不够强烈，黄河流域旅游业的发展质量仍受到同质化竞争、分散经营和多头管理等多个问题的严重制约。

作为我国重要的生态屏障，黄河流域在我国的国民经济发展和生态安全方面的地位十分重要。现在，黄河流域全域水资源不足、部分地区生态退化的现象已经出现。相比于其他经济带，黄河流域的生态状况监测与评估的地位还比较落后，地方性法规政策、标准化规范和统一的生态保护和经济发展的协调机制等都较为缺乏，这些问题导致沿线地区的经济科学绿色发展受到严重制约。旅游业的高质量发展受到黄河流域恶劣生态环境的影响，面临着更多的困难。

二、黄河流域旅游业高质量发展的途径

（一）完善交通基础设施

分析黄河流域持续性发展和协调性发展维度之后，发现这两个维度的发展水平在各个省（区）较低。所以，沿黄各地政府要正确地引导旅游产业的发展，利用政府的力量推动旅游产业发展。

大多数省份旅游发展受到制约的原因，是较低的基础设施和较低的发展水平。政府对此的关注度不够和政策的扶持力度不够也是导致旅游业发展瓶颈的两个主要原因。可以从以下几个方面尝试解决以上问题。

1. 加快交通基础设施建设

有一些景区可进入性差，尤其要提升其交通基础设施水平。各省（区）政府还应加快交通通道基础建设促进流域内的区域协作，站在全域旅游的角度，将黄河流域整个区域视为一个完整的旅游目的地，在沿黄省份之间区域协作的帮助下，打破部门利益和行政区划的桎梏，通过统筹考量，在完善交通基础建设的过程中，一方面要加快建设出省通道项目和高速公路网项目，使地区与周边省市之间的高速公路连接。另一方面加快完善高速公路网，使高速公路对县市的覆盖率以及农村公路的覆盖范围和通达深度得到提升，从而使乡镇村的公路基础设施建设更加完善，要加快建设城际铁路，使铁路网络骨架更加完善。

2. 构建旅游交通体系

统筹规划、科学衔接、有效发展，使流域内各种运输方式的连接和交通运输网中各个环节的融合得到加强，是黄河流域旅游交通体系的构建原则。在旅游环节中，为了合理地转运、换乘和接驳游客，游客集散系统和游客中转系统应以主体交通作为重点方式，与多种交通方式相结合相适应。如将每个省（区）的重要节点城市确定为省会城市，使省与省之间、市州之间、城乡之间有效衔接；城际轨道交通、地面公共交通、机场和干线公路、城市轨道交通等不同交通方式之间的零距离换乘得到加强，将便捷、安全、顺畅的旅游交通环境赋予乘客，使旅游交通体系逐步向规模完善、经济实用、连接紧密、安全便捷的方向发展。除此之

外，还应推动黄河流域旅游交通的发展实现信息化，通过数字技术、全球定位、射频等先进科技手段，使旅游交通及运输管理的信息化水平得到提升。在运输方式方面，逐步加强流域内的信息交换与共享，将准确、及时、便捷的信息化服务提供给游客。

3. 完善旅游配套基础设施

在财政方面，政府需要在政策上给予适当的倾斜，加大对公共基础设施、文旅方面配套设施的公共财政投入，使公共基础设施建设与配套更加完善，修理或更换老旧的旅游基础设施。比如处理旅游景区的污染物，完善油气管道、公共交通运输和给排水等。与此同时，还应将基本服务供给提供给游客，加强网通信服务，例如数字化、电网、信息网络服务等。

（二）创新旅游体制机制

1. 建立行业标准

当地政府要提升政府的监管、引导以及规制水平，促进综合管制机制和行业规范性条例的规范建立，使旅游市场的监督与治理得到加强，以升级当地旅游经营水平；要创新流域内的监管机制，通过旅游监管主体责任清单的建立，使责任划分更加明确，规范旅游市场。为了规范区域内的合作沟通，防止因相关利益主体之间的恶意竞争而使区域发展的平衡被打破，黄河流域应结合区域旅游合作制定相关的法律法规。

2. 深化投融资的体制改革

首先，倡导和推动旅游产业全领域、多方位地实现开放与合作，通过制定旅游优惠的财政政策，调动企业投资与开发旅游产业的积极性。其次，在发展时期，当地政府应深化改革相关的金融体制机制，使金融机构制定出的投融资解决方案符合当前发展，大力发挥投资对旅游供给的优化作用，加大金融机构对旅游产业的消费升级、智慧旅游、乡村旅游等方面的支持力度。

3. 完善和创新合作机制

通过在流域内加强合作交流，将旅游业的联席会议制度建立起来，借助定期召开会议将政府部门对旅游产业合作发展的引导作用发挥出来。在对外旅游合作中，政府是管理主体，流域内各个省（区）应积极树立负责任的政府形象，加强对外交流和协作共享，与旅游企业及相关合作方加强沟通协作，通过联席会议制度的建立加强主要城市之间的旅游合作与区域交流。通过举办的定期会议，发挥政府各部门对旅游产业的引导作用。旅游组织，可以推动以流域内旅游行业和相关的社会组织之间的交流与沟通，可以成立相关的黄河旅游协会，并使其作为重要平台促进政府与企业、政府与政府、企业与企业之间的合作沟通。在2019—2020年这一年间，博物馆联盟、会展联盟和旅游联盟在黄河流域陆续成立，黄河流域旅游企业联盟在现有的这些合作交流平台的基础上成立。各个省（区）的旅游市场的变化情况可以依靠企业的联盟及时反映，以帮助政府对流域内旅游市场的结构和存量以及多方的合作信息做到更好地掌握和共享。

（三）促进区域协调合作

要想解决黄河流域旅游业不平衡不充分的发展问题，以下三个方面是突破口。

1. 加强区域合作与沟通

在对外开放上加大力度，积极倡导省级开放、对外开放和对内开放，在"一带一路"倡议和"黄河流域生态环保和高质量发展"战略的吸引下，聚合更多旅游投资的投资商，使国际市场得到开拓，旅游产品和旅游项目的文化底蕴更加丰富。要使流域内各个省（区）的旅游发展质量得到提高，旅游与其他产业的融合得到促进，将省区之间、市州之间的行政壁垒打破，实现黄河流域在整体上的协同发展，在多方之间加强交流与合作，使旅游产业的区域差距不断缩小，整体上实现协调发展。甘肃、陕西、宁夏等在黄河流域中有着相对集中的旅游资源，资源类型也较为相似，可以统一整合与规划旅游资源，通过这种比较集约的开发方式充分利用资源，使区位劣势得到一定程度的弥补。

2. 实现政策扶持机制

一方面，沿黄各省可以采取适当的政策扶持，支持一些面向旅游发展落后地方进行旅游开发的企业，可以采取的方式包括减免税收、财政补贴、用地优先、业绩奖励和生态补偿等，使流域内旅游合作的成本适当降低，流域内的旅游机构在政府引导下能够实现更好的旅游合作。与此同时，应跟踪相关的投资项目进展情况，以项目实际开发的情况为根据，与相关政府部门和金融机构相协调，进而得到相应的政策优惠。另一方面，还可以推动人才机制创新，通过旅游人才共享计划的开展，大力培养和引进旅游人才，加强多边教育与培训机制，帮助流域内旅游人才展开更充分的交流与学习。受到科学技术创新与国家发展的影响，旅游产业将会不断地增加对信息技术和新资本等的依赖，而更少地依赖传统要素，复合型人才、高端型人才也会成为旅游业发展与管理的关键。要想高质量地发展流域内的旅游业，就必须对新的人力资本建设对旅游发展质量的贡献予以更多重视，所以，当下旅游业复合型人才培养体系的建设需要抓紧展开。

3. 拓展旅游合作深度

第一，流域内的旅游合作程度需要加深，部分省（区）可以以实际情况为根据逐步放开一些优势技术，使流域内旅游产业链条的延伸得到促进。比如，与流域内比较优质的企业联合起来，或者寻找优质的投资合伙人，实现文旅投资联盟的建立，再凭借契约式的联盟合作实现旅游资源互补，促进旅游产品体系创新，提升市场控制能力和优化旅游市场，获取投资收益回报。第二，可推动"黄河流域旅游投资平台"建立，设立专项的旅游基金，定向把控基金的使用，实现融资方式的创新，帮助黄河流域旅游业高质量开发与发展得到稳定的资金保障，将更多的要素引入旅游产业。

（四）打造特色旅游品牌

1. 着重突出区域特色

在开发和规划黄河流域的旅游产业时，要与当地既有的民俗文化或历史文化结合，使得打造的旅游项目具有地方特色和地区优势。譬如多民族聚居的地区青海，有撒拉族、土族、回族、蒙古族、藏族等，这些民族都在长期的历史进程中形成了极具特色的民俗风情。可以在进行旅游开发时将少数民族特色和当地的高原文化结合起来，避免旅游产品开发的同质化，使开发出的文旅产品具有地域性特色。

2. 积极发展特色旅游

黄河流域内有着极其丰富的文化资源，很多文化都极具地域特色，通过旅游资源的整合，可以使打造的旅游品牌和旅游精品具有民俗特色或地域特色。比如，依据民族风情和地域特色打造一批旅游小镇，或与企业加强合作，引导企业投资于一些旅游资源富饶的农村；围绕显著特色，打造一批乡村旅游品牌。同时，这些举措都可以使乡村振兴战略和旅游强县战略的实施得到积极推进。

3. 加强品牌营销

第一，要推动营销，将宣传和推介的渠道延伸出来，实现宣传方式的创新。黄河流域各政府可以成立旅游推广联盟，加强与企业、旅游行业协会等组织的合作，搭建新的平台推动品牌推广。第二，将黄河流域各省（区）的力量集合起来设立旅游推广联盟，整合流域内的优势旅游资源，使流域内的旅游合作与交流得到加强，实现旅游品牌的联合推广和营销。黄河流域有着非常丰富的旅游资源和多样化的旅游产品，黄河流域旅游推广联盟的成立，可以在区域内建立统一的品牌形象推广旅游产品。第三，在大数据、区块链等高新技术的帮助下，精准定位目标市场，以此为根据将富有艺术性的、生动鲜明的旅游形象塑造出来，使打造的营销策略符合目标市场，从而推动和实现黄河流域旅游业的共同发展。

（五）激活旅游要素

1. 保护传承发扬特色文化

华夏民族的母亲河就是黄河，众多的历史文化曾孕育在黄河流域，如民族风情、民俗文化、伏羲文化、仰韶文化、草原文化、红色文化等。黄河流域有非常多的文化遗址，如黄帝陵、秦始皇陵兵马俑、曲阜"三孔"、平遥古城和三星堆等，在济南、西安、银川、洛阳、广汉等城市分布。沿黄省区应以丰富的人文资源为依托，使黄河文化得到进一步保护、传承和弘扬。加大力度保护和开发黄河流域的文物、非物质文化遗产和民俗特色文化，在财政上补贴保留稀缺文化和风俗习惯的地区。创新旅游产业的发展方式，以文化为魂、以旅游为体，将一批文化精品和旅游项目打造出来，使之成为旅游发展的龙头，推动旅游高质量的产品体系更加完善，高质量地发展黄河流域旅游业。

2.拓展旅游产业发展空间

政府可以出台相关的激励机制和扶持政策，帮助实现旅游融合发展，更加主动地引导城市资本的流动，利用政策提高旅游企业下乡投资兴业的吸引力，将旅游业与农牧业、文化业等产业融合起来，实现相互之间的融合发展，在乡村振兴战略的实现过程中，让发展成为重要手段。融合旅游产业与其他产业，可以使旅游元素更加丰富，使黄河流域的旅游发展空间得到拓展，提供新的动力促进其他产业的发展。

3.促进全域全季全时旅游

实现对黄河流域内的旅游资源的全面整合，统筹规划区域内的旅游开发。黄河流域内的历史文化资源和自然旅游资源种类众多，如九寨沟、可可西里、趵突泉、华山、嵩山、泰山、恒山等。旅游资源的整合与产品质量的加快升级，能够推动旅游产业更快地转型升级，也让旅游成为黄河流域经济增长中的一个新的关键点。沿黄各省（区）可以梳理和整合现有的旅游资源，在规划编制旅游发展的时候，通过线状、环状和网状的旅游空间结构的积极发展使旅游空间结构更加完善，将自身的旅游发展优势发挥出来。与此同时，也要加快聚集旅游产业的高端要素，转型升级旅游产业，对区域内旅游供给侧结构性改革的加快起到推动作用，推动旅游产业的区域一体化发展和可持续性发展。

（六）创新旅游产品供给

1.打造旅游精品

黄河流域可通过"旅游+"的方式，持续推进品质旅游。"旅游+"这种发展方式不仅能使产业的发展业态得到拓宽，也能使旅游产品得到创新和丰富，在一定程度上推动了旅游业的供给侧结构性改革，也推动了产业边界的打破，旅游产业结构的完善和旅游市场的服务质量的提高。比如，结合农、林业开发旅游产业，对城市近郊旅游积极引导，不仅可以使农村的一二三产业的融合得到促进，将新的经济增长动能培育出来，也体现了乡村振兴战略的大力实施和对国家现代农业庄园创建工作的支持。打造一批旅游+体育、旅游+康养、旅游+低碳和旅游+特色民族文化的精品旅游项目。

2. 加强区域规范

首先，要促使流域内旅游产品低端化的问题得到改变。沿黄各省政府需要在宏观调控下加强合作，将统一的旅游服务规范、旅游经营规范等行业标准建立起来，并在流域内开设试点区，最后推广到全流域内，从而使旅游服务品质和产品质量得到提升，将不合格的旅游企业淘汰，强化更高的旅游准入门槛。除此之外，黄河流域还可将开发高端旅游产品作为旅游产品开发的焦点。当前，高素质旅游者越来越多，他们对旅游产品提出了越来越高的要求，不仅追求高端化和个性化的旅游产品，还追求具有特色和高质量的旅游服务。由此出现的高端旅游市场要求政府深层次地开发旅游产品，通过市场调研深入了解这些高端消费者，对他们最关注、最需要的旅游产品的地方掌握清楚，从而使设计出的旅游产品具有针对性。沿黄省区可以引导促进旅行社和旅游企业之间的合作，试点开发高端旅游，如将"主题＋主线"的深度旅游体验提供给高端旅游消费者，全程保姆式服务于其行前、行中和行后。

3. 发展数字旅游

推动旅游市场供给优化，加快产品升级换代的速度，使培育的旅游数字产品体系符合需求，推动优质数字旅游产品的供给扩大，消费模式更新，促使新型消费潜力释放。为夜间消费打造"文化IP"，数字化转型和升级传统文化IP的内涵，在数字文化IP中植入区域特色文化，将其打造成旅游产品。融合5G技术、VR技术与旅游产业，应用在不同场合和不同领域中，如保护文化遗产尤其是数字化保护和展示非物质文化遗产，加强对旅游市场触发式监管体制的探索，促进新的市场治理规则的建立，现代化、智能化治理和安全监管旅游市场。依托网络技术，创建黄河流域旅游一卡通平台，并在黄河流域推出旅游年卡，提升流域内旅游出行的便捷性，为沿黄省（区）居民的旅游出行提供极大的便利，积极地推动黄河流域整体旅游业的高质量发展。

（七）推动黄河的综合治理

1. 建立相关法律法规和产权制度

我国目前处于高质量发展时期，但粗放利用、过度开发资源等较为突出的问题在黄河流域的生态环境保护方面时有出现。沿黄政府应对当前经济发展与生态环境保护之间的突出矛盾有深刻认识，坚持优先保护生态的原则，推动关于自然资源的资产管理体制和相关的生态环境法规的制定，划出自然资源利用的边界和底线，从而使人类对于自然不合理的索取欲望和过度利用自然的行为得到控制。除此之外，还应加快推动自然资源权利体系的建立，推动土地方面、国土空间规划和自然保护地法律法规的立改废释。

2. 完善健全生态保护补偿机制

沿黄省区应加强保护黄河流域的生态系统，坚持系统治理山水林田湖草，对生态系统中的水平衡问题予以更多重视。除此之外，还需要继续退耕还林工作，通过大规模绿化活动的开展，增加黄河流域生态系统的产品供给。还需要积极地促进生态保护多元化补偿机制的完善，由于生态环境的建设是一个非常复杂的系统，涉及很多问题，所以，要推动生态环境快速有效地建设，就需要尽可能地统筹多个利益相关方，使多方受益。在健全资源价格形成机制方面，政府应尽量减少不正当干预，将市场对价值的决定作用充分发挥出来。除此之外，还应推动自然资源税费政策的完善，在经济手段的支持下加大对节电、节水、节能的调节力度。

3. 加强对国土的科学管控

一个地区发展的基础保障和战略支撑是土地，沿黄省区应加强管控土地，以国家标准为依据实现土地的科学分类，统筹兼顾土地利用问题，使土地的供给和利用更加有效和高效。除此之外，还要提高处置闲置土地的速度，将土地存量盘活。关于国土空间的科学管控，沿黄省区应积极开展编制工作，规划国土空间，科学划定和坚守生态红线，服务于长远的发展与流域空间。

（八）加强旅游生态保护

1. 树立低碳环保理念

在有序开发黄河流域旅游的过程中，要坚持生态低碳发展理念，在开发中重视有效利用资源和保护生态环境。教育旅游行业的参与者了解低碳环保的必要性，在心中树立绿色发展理念，在各个参与旅游活动的环节中都能够做到保护环境、尊重自然。

2. 保护提升生态品质

黄河流域有着十分丰富的旅游资源,随着一系列战略规划的实施,如一带一路、西部大开发、黄河流域生态保护和高质量发展等,黄河流域应将这些旅游资源的文化价值和市场价值充分挖掘出来,在生态旅游的大力发展中做到绿色可持续。发展生态旅游的前提是绿色发展、可持续发展,对黄河流域丰富的旅游资源进行合作开发,在区域之间加强合作发展,比如,沿黄省区可以基于黄河文化合作建立黄河文化研究中心、开发主题公园、成立黄河旅游联盟等,通过对黄河流域的文化旅游资源的整合,将黄河流域打造成为新的文旅高地。

3. 发展绿色生态旅游

作为我国重要的经济带,黄河流域在我国不仅是一道重要的生态屏障,也有着非常重要的地位,推动着我国的国民经济发展和生态安全,所以,绿色发展是保护和发展黄河流域的根本。黄河流域的各省区应基于"共同保护、协同治理"的思想,推动绿色旅游大力发展,将低碳化、生态化的经济发展体系和旅游产业结构全面建立起来。生态环保是旅游业高质量发展的基础。在这个过程中,一定要在黄河流域旅游业的大力发展中融入"绿色"的理念。要对黄河流域旅游业的高质量发展做好谋划,促使流域内发展出更加有高度、更加有特色、更具有持续性、有效性和创新性的旅游产业,尽最大努力将其打造成为我国旅游经济新的增长极。

由此可见,黄河流域要不断推动旅游体制机制的创新,使政府对产业的指引作用不断加强。不断地进行消费创新、品牌创新、理念创新、战略创新、产品创新,在新的起点上发展黄河流域旅游业,为实现高质量发展的目标不断奋斗。在新的时代机遇下,黄河流域的各个省(区)应不断地推动旅游产业发展环境的改善和发展理念的更新,实现旅游产业提质增效,使打造出的旅游品牌能够闻名中外。

第三节　黄河流域城市产业绿色发展探究

一、黄河流域城市产业绿色发展的背景和意义

（一）当前背景

当前，中国提出的重大国家战略之一是推动黄河流域生态保护和高质量发展。对"绿水青山就是金山银山"的理念予以强调，坚持绿色发展、生态优先，高质量发展全流域生态，指明了黄河流域城市和产业发展的方向。2008 黄河流域地区生产总值（GDP）占全国27.02%，约 9 万亿元，到 2018 年，GDP 占全国的26.5%，约 23.9 万亿元，其中，主要于黄河下游的山东省、河南省的青岛、郑州、济南、烟台、潍坊和淄博等城市的 GDP 超过 5000 亿元。虽然黄河流域经济发展速度较快，但代价是生态环境的牺牲，对流域内的自然资源过度开发会导致水土流失严重、生态系统退化、环境污染等问题。经济之本是产业，发展之基是环境。对我国产业结构调整和经济高质量发展来说，绿色发展黄河流域产业具有重要意义。作为支撑经济发展的重要战略纽带，黄河流域 2018 年拥有占全国 17.2%的产业增加值，然而，有一点值得注意，传统资源密集型产业是黄河流域产业发展和经济增长的依靠，明显的重化工倾向呈现在产业结构中，表现为其工业和第二产业增加值高于全国平均水平。这就导致产业发展高投入、高污染、高耗能等问题的出现，影响了产业的绿色发展。推进黄河流域生态保护和高质量发展的关键步骤，是构建现代产业体系，使黄河流域产业绿色发展中存在的问题从根本上得到解决，这有利于使黄河流域在我国生态安全、经济发展中的重要战略作用增大。所以，绿色发展黄河流域产业十分紧迫，而重中之重则是提高产业绿色发展效率。但根据黄河流域的实际，由于沿线各城市的发展阶段、产业基础、自然环境、资源禀赋等差异较大，而现有的针对性不足、普适性较强的管理政策已无法满足生态保护和高质量发展的需要。本研究着力分析的问题就是从实际出发，以各地区产业绿色发展效率的时空格局及影响因素的异质特征为根据，因地制宜，提出差别化地提升产业绿色发展效率的策略。

（二）绿色发展的意义

推动黄河流域沿线城市产业绿色发展效率提升，改变黄河流域重化工的传统产业结构，实现现代化产业体系构建和经济发展方式转变，推动生态保护和产业高质量发展。然而，目前黄河流域产业绿色发展滞后已经成为突出问题，对其产业绿色转型升级和经济高质量发展造成严重阻碍。所以，本研究将针对性地提出建议和理论观点，帮助提升黄河流域沿线城市产业绿色发展的效率，具体建议包括以下几点。

第一，创新产业绿色可持续发展理论。通过时空异质性分析影响因素及评价黄河流域产业绿色发展效率，推动差别化管理政策体系的构建，这有利于产业发展理论和绿色发展理论深度地拓展与深化。

第二，对产业绿色发展效率的时空演进产生全方位、多角度的认识。通过分析黄河流域沿线城市产业绿色发展效率的时空演进，对黄河流域上中下游、各省份、各地级市的产业绿色发展效率的时间变化趋势与空间演进轨迹进行科学认识，找准关键驱动因素推动产业绿色发展，提供有价值的思路和对策帮助沿黄地区产业绿色发展。

第三，制定相关政策并提供给不同地区各级政府，助力其决策咨询和参考。根据空间异质性的角度解析黄河流域沿线城市产业绿色发展效率的影响因素，有利于差别化产业发展战略的区域性实施，使产业政策制定成本降低，提升发展规划的针对性和有效性。

二、产业绿色发展的内涵和影响因素

（一）产业绿色发展的内涵

生态经济和绿色经济是产业绿色化发展的起源，其目的在于构成一个生态、社会、经济相协调的可持续的产业发展模式。绿色发展是一种致力于实现可持续发展的新型发展模式，受到资源承载力和生态环境容量的约束，以不破坏自然环境为前提。具体来说，绿色发展模式的表现形式为节约资源、保护环境。实现绿色发展模式的关键路径是产业绿色化、低碳化，对"经济—社会—自然"系统的整体性、协调性和系统性予以强调，使"工业文明"向"生态文明"转型的目标最终得到实现。绿色发展与可持续发展的理念不谋而合，尤其是"低碳经济""循环经济""生态经济""绿色经济"等可持续发展模式，与绿色发展理念相契合的思想均体现在不同方面；虽然有着与可持续发展相同的理念，但绿色发展更加强调"绿色"和"发展"共生，既对环境再生能力的保持和资源的节约予以强调外，又注重提升经济社会的福利水平，使持续性基础上的"可发展"更加突出。产业绿色发展是从产业层面对生态文明建设以及可持续发展的回应，这种产业发展方式注重生态环保，通过经济收益高、资源消耗少、技术含量高、污染排放低的产业生产方式，有机协调经济发展与资源环境，其判定的依据必须是同时满足经济的增长和生态破坏的减少。产业绿色发展的研究视角有：在农业绿色发展领域，学者们主要关注内涵界定、农业生态效率测算、可持续发展指标构建等；在工业绿色发展领域，有学者认为产业绿色发展在很大程度上依赖于工业绿色转型，并以绿色工业革命理念为指导，建立评价指标体系，对其影响因素进行分析；还有学者对旅游业、高新技术产业等行业绿色发展水平进行了探讨。

（二）产业绿色发展的影响因素

学者们采用不同的方法从不同的研究视角对产业绿色发展效率的影响因素进行深入探讨。已经成为研究热点的绿色发展效率影响因素研究的基础是回归模型，主要包括分位数回归、广义最小二乘法（GLS）、多元回归分析方法、模型空间杜宾模型 SDM 等。研究指出开放程度、人力资本、技术创新、经济发展水平、环境管制、城镇化水平、产业结构等对产业绿色发展效率有着显著的作用，研究区域不同的经济发展、产业基础、地理位置等导致其存在不同的影响程度和影响方向。具体来说，绿色发展效率会受到人力资本和开放程度的负面影响，技术创新、外商直接投资、经济发展水平则对绿色发展效率的提高有利，正向影响最大的是经济发展水平，技术创新只有有限的推动作用，城镇化的影响并非单一的线性关系。经研究发现，绿色发展效率受到城镇化的影响，会在不同的城镇化阶段产生差别，呈现出的关系为"U"型曲线。关于环境规制对产业绿色发展效率的影响，现有研究还无法证实，政府干预和环境规制的交互作用是其显著影响的主要来源。虽然有研究证明了产业结构的负向影响，但不能忽视产业绿色发展效率受到产业结构合理化和高级化的正向作用，造成这一点的主要原因是选取指标时的差异。所以，关于产业绿色发展效率的提升路径，学者们多聚焦于加大技术创新、调整产业结构、合理产业布局等方面。近年来，研究黄河流域绿色效率的内容逐步深入，学者对绿色发展效率的影响因素的深入了解，开始从空间异质性的角度，研究证明明显的异质性在于科技水平、经济发展、产业结构等对上游、中游、下游的影响程度。

三、促进黄河流域城市产业绿色发展的策略

（一）转变经济发展方式

产业绿色发展效率受到黄河流域沿线城市的经济发展的促进作用，但是其促进作用并不明显，究其根本原因，问题存在于经济发展方式中，加快产业绿色发展效率的提升的有效途径是推动经济发展方式由以规模速度为主转向量与质并重增长。具体来说，第一，推动发展理念切实转变。制约城市经济高质量发展的根本是落后的发展理念，必须在各个经济发展领域贯彻经济高质量发展理念，突破惯性思维，彻底摒弃唯 GDP 论的做法，在经济增长中避免对大量生产、消耗、污染的依靠，推动经济增长方式由粗放型转变为内涵增长型的发展方式。第二，保证经济增长高效合理。经济量的稳步增长是实现高质量发展的前提，且产业和消费"双升级"也能促进经济量的稳步增长，产业绿色发展效率能够在产业绿色化和消费绿色化的帮助下得到提升。第三，对经济发展质量予以注重。黄河流域沿线城市应通过产业生产过程中劳动、资本的利用效率的提高，推动产业加快转型升级，提升产业绿色发展效率。黄河流域上中下游城市之间存在着不均衡的经济社会发展，处于黄河流域上游的沿线城市，虽然有较高的产业绿色发展效率，但相对落后的经济发展导致其转型压力增大，再加上该地区是生态比较脆弱的重要生态保护区，未来在经济发展的提升中应该更注重保护生态环境，才能促使产业绿色发展效率得到大幅度提升；至于中游的沿线城市，这些资源型城市发展的重点是能源供给结构转型，应延伸、更新现有资源型产业，促使转型升级清洁化、

高端化；下游的沿线城市则有着强劲的经济发展势头，应找到新模式和经济传统增长动力之间的均衡点，加快建立制度体系，系统完整地促进产业绿色发展，推动绿色发展观、生产观和消费观的建立，在产业生产全过程中实现可持续发展，促使产业绿色发展效率得到提升。

（二）调整优化产业结构

产业绿色发展效率会受到黄河流域沿线城市产业发展状况的重要影响，尤其是会受到第三产业发展显著的促进作用。通过产业结构的调整优化推动流域产业绿色健康发展的实现。充分考虑黄河流域各城市的产业基础、外部条件和资源禀赋的差异，因地制宜，推动产业布局统筹优化，以产业生态化和生态产业化为主体，推动生态经济体系的建立健全。一方面，传统产业在产业生态化的要求下要实现生态化转型，积极改造升级石化、钢铁、有色金属、建材等传统产业，推动产业绿色发展的实现；另一方面，生态环境保护在生态产业化的要求下也要实现产业化，通过新能源的开发利用以及生态旅游的培育，实现城市经济发展和生态效益的提升。具体来说，产业结构的转型升级，要以不同地区的空间布局定位和产业基础为基础，推动产业绿色发展战略的制定。作为重点生态功能区，黄河流域上游地区应加快对清洁能源、生态农牧、生态文化旅游等绿色产业的培育，将低碳循环产业体系构建起来。作为重点开发和生态功能服务区，黄河流域中游地区必须同时对产业发展和环境保护予以重视。通过发挥农牧业生产地区的比较优势，促使打造的农牧业生产基地富有竞争优势和区域特色，一边推进农业现代化，一边做到因地制宜，对东部产业积极承接转移，将高端服务业和现代制造业发展起来；对于渭南、运城等资源型城市，则要实现"一煤独大"的产业结构局面的迅速改革，使资源优势得以发挥，在绿色煤炭产业的打造中秉持清洁生产、循环经济和生态工业的理念，促进产业配套体系完善，推动产业绿色化、自动化、智能化水平的提升。要将黄河流域下游地区的高级生产要素集聚效应发挥出来，使传统制造业在先进技术的应用和改造下得到提升，促进产业的转型升级，同时加强对战略性新兴产业的培育和发展，使其成为黄河流域产业结构优化升级的领头羊，推动产业绿色发展。

（三）推进工业绿色转型

黄河流域沿线有大量作为重要工业基地的城市，但是其产业绿色发展效率受到当前工业化水平的抑制，原因是当前工业的发展方式仍然需要消耗大量资源，再加上黄河流域较为突出的生态环境问题，对现有工业的绿色化改革刻不容缓，必须构建新的工业绿色生产体系，满足科技含量高、环境污染少、资源消耗低等要求，实现工业绿色化发展。具体来说，第一，高效率利用黄河流域资源。黄河流域中多数城市的主要生产方式都是能源的生产加工，因此必须推动能源消费结构优化，对高耗能工业的扩张做到严格把控，积极改造高耗能通用设备以及石化、钢铁等重点高污染的工业，与此同时，提高资源综合利用效率，深化资源加工转化，提升产业绿色发展效率。第二，促进黄河流域工业清洁生产。以重点行业为中心，引导清洁生产技术改造在黄河流域沿线城市开展，尤其是化工、钢铁、煤炭等行业，严格把控污染排放标准，避免大量的污染物在工业生产过程中排放，提高产业绿色发展效率。第三，加快黄河流域绿色产品的开发速度。以黄河流域各城市的工业基础为依据，以能源资源的最小化消耗、资源利用的最大化以及环境低污染为标准，使开发的绿色产品具有低耗、节能、环保等特征，实现居民的绿色消费，从而推动工业的绿色转型发展，促使产业绿色发展效率提升。第四，将科技在黄河流域工业转型中的作用发挥出来。首先，针对黄河流域的传统工业，推动科技研发以实现工业绿色转型核心技术的突破，加大对清洁高效可循环生产工艺装备的研发投入，改造升级传统工业技术；其次，对黄河流域新兴产业，尤其对新能源装备、新能源汽车、新材料等绿色制造产业的核心技术研发予以更多支持，为绿色制造产业发展构建绿色创新技术体系。

（四）注重城镇化发展质量

产业绿色发展效率会受到黄河流域沿线城市城镇化发展水平的抑制作用。由于流域城镇化发展处于中后期阶段，正在快速发展，城镇化发展质量较低，人口和就业"双收缩"的现象出现在部分中游城市。为了城镇化的高质量推进，实现以"土地"为中心的"城镇化"向以"人"为中心的"城市化"转型，必须与黄河流域生态环境条件相结合，推动全流域一体化协调发展机制的建立。首先，推动农业人口有序转移落户到城镇。城镇发展必然经历扩张和收缩的阶段，要以不同的发展阶段为根据，采取不同的城镇化发展策略。当城市处于城镇扩张阶段时，应以城市资源环境综合承载力为根据，对城镇增长边界进行科学划定，与当地发展基础相结合，实现对高效能环保产业的引进，推动空间格局协调生产、生活和生态，避免人口过度扩张带来"城市病"。当城市处于城镇化稳定阶段时，因为人口和城市用地不会在短时间内激增，应注重绿色化改造现有的产业，推动产业绿色化水平提升，与此同时，推动公共服务体系的建立健全和公共服务质量水平、城市品质的提升，减少人口流失。其次，对"城市收缩"现象正确理性地认识。当城市处于收缩阶段时，要改变以往"人口增长"的规划基准，对城市出现的产业衰退、人口流失以及土地与设施闲置等一系列问题予以正视，针对城镇建设用地中低效率、低品质、利用不合理不充分的存量用地实施整治、改善和重建，创造新的空间推动城市的产业绿色发展和城市建设，公共基础设施建设要与人口规模相匹配，从城市内部集中人口、产业等要素。再次，推动城镇综合承载力的全面提高。在黄河流域城市建设中积极运用数字技术、生态技术、新能源等技术，提升新型绿色城镇化建设速度和流域生产、生活方式的变革速度，使生态环境在城镇化之下的压力降低，推动产业绿色发展效率提升。

（五）构建绿色创新体系

产业绿色发展效率会受到黄河流域沿线城市科技创新水平的正向促进作用，应加快绿色技术创新体系的构建速度，推动城市科技创新水平提升。首先，加大对绿色技术创新主体的培育力度，推动多方协作与深度融合实现。企业作为绿色技术创新的主体，其内源力需要得到强化，协同高校、科研院所，支撑绿色技术的创新发展。由企业领头，联合科研院所、高校、中介机构、金融资本等多个主体，构建绿色技术创新联盟，避免"创新孤岛"现象的出现，在创新主体之间推动多方协同、跨界合作和深度融合。其次，将资源合理投入绿色技术创新中去，实现绿色技术创新成果迅速转化。对绿色技术创新人才的培养和引进予以注重，推动多元化绿色技术创新经费投入机制的构建，对科研机构、企业、高校等建立绿色技术创新项目予以支持，鼓励高校和科研院所更多地投入到绿色技术研发中，同时在绿色技术研发中引导社会资本、民间资本投入，推动绿色技术创新成果向应用转化。与此同时，与黄河流域实际发展情况相结合，推动绿色技术交易市场的建设，为绿色技术创新成果的转化提供市场手段。再次，推动绿色技术创新环境优化，将绿色技术创新主体的积极性激发出来。技术、知识等创新要素的流动、创造和应用能力会受到绿色技术创新环境的影响，优化绿色技术创新环境对加强绿色技术创新主体之间的合作交流大有帮助，对绿色技术创新资源做到有效统筹利用，在黄河流域推动绿色技术创新要素的加速流动。一方面，在信息化手段的帮助下，推动绿色技术信息平台实现开放共享，推动黄河流域"互联网+"一体化打造，推动绿色技术信息流动与合作交流在区域间实现，实现知识共享、信息互通、资源共用，以此使绿色技术创新效率得到提升，使区域绿色技术创新差距得到缩小；另一方面，通过对促进科技创新的法律"软环境"的优化，推动绿色技术知识产权保护制度的健全，创造良好的创新环境推动绿色技术的研发和应用。

（六）打造沿黄开放高地

产业绿色发展效率会受到黄河流域开放水平的抑制作用，主要因为当前较低的开放水平，"污染天堂假说"仍然存在，要想推动产业绿色发展，需要进一步提升开放水平和质量。加强建设黄河流域对内对外开放平台，与"一带一路"建设、长江经济带发展、京津冀协同发展等重大战略主动对接，在流域内引导区域间的分工协作和联动发展，推动黄河流域开放带动产业绿色发展效率的水平和质量的提升。对内，一是要推动如呼包鄂榆、兰西、山东半岛、中原等流域内上中下游城市群的跨地市合作，在流域上下游重点领域、重点区域加强合作，借助通用航空、黄河通道的便捷性，合力促进协同开放，使产业得到绿色联动发展。二是要与长三角、长江经济带、大湾区、京津冀等地区加强合作，面对产业转移积极承接，将高端生产要素集聚起来，推动黄河流域产业绿色发展水平的提升。例如呼包鄂城市群接近于京津冀地区，能源资源十分丰富，强有力地支撑着京津冀的协同发展，与此同时，对京津冀地区的产业项目转移做到积极承接，推动现代制造业和高端服务业的发展，促使产业绿色发展效率得到提升。对外，要充分利用位于"一带一路"沿线城市的区位优势，积极融入国际市场，使经贸合作深入亚欧区域，建设黄河流域，使之成为国家"一带一路"向西开放的枢纽。以黄河流域各行业、各地区的资源禀赋和产业基础为根据，推动差异化、多层次开放格局的实行。其中，济南、东营、淄博等地区要对区位条件做到充分利用，携手郑州、西安等具有交通优势的内陆城市建设海铁联运中转基地，推动东、中、西沿黄流域三个核心区的建设，努力建设"东进西出"海铁联运黄金通道。洛阳、郑州等城市地处中原，要紧紧抓住交通区位优势和"一带一路"的机遇，推动陆路、空中、海上和网上四条"新丝路"的完善，将枢纽城市的作用充分发挥出来，成为新高地，促进内陆地区的对外开放。鄂尔多斯、银川、中卫等城市要将"一带一路"的发展机遇抓在手里，依托甘肃（兰州）国际陆港、鄂尔多斯鑫聚源内陆港等，协力构建中国内陆地区对外开放新高地，推动产业绿色发展。

（七）提升人口集聚水平

以产业绿色发展效率受到人口规模影响的空间变异特性分析为依据，应对人口规模对黄河流域产业绿色发展的作用予以高度重视。各地市应以现有资源条件和人口基础为出发点，推动产业结构优化行业经济发展动能的增强，使城市对人口的吸引力度更大，尽力优化人口发展与资源环境承载力的关系，提高人口集聚水平。具体来说，对于有着充沛人口资源的西安、郑州、济南等城市，要对人口与经济社会做到统筹规划，实现协调发展，增强城市人口承载能力，寻找城市建设和人口发展之间合理的平衡点，形成人才的"虹吸"效应，引进更多的高技术人才。与此同时，为了消除人口过多带来的隐患，如大城市病，通过合理布局和地铁、市政路网等交通设施的建设，提高智慧城市建设效率，使城市受到过多人口带来的产业发展、交通、资源的压力得到缓解。对于兰州、海东、吴忠、白银等城市，面临的问题包括人口数量较少、高素质人才资源供给不足、人口资源环境承载力总体趋紧和城镇化水平较低等。一方面，要与黄河流域产业转型升级和绿色发展需求相适应，整合现有教育资源，加大对基础教育投资，加快对创新型人才、高技能人才的培养速度，从而使人口素质提高，除此之外，建设高层次高技能人才队伍，将"育才—引才—用才"的人才发展体系构建起来，增强产业绿色发展中的人才活力；另一方面，以不同的人口和资源承载力为根据，制定不同的人口调节政策，限制人口迁入重点生态保护区，将居民从生态保护区有序地转移到适宜居住的地区；如果地区适宜人口居住且未超过资源环境承载力范围，应以人口分布特征、产业布局以及资源承载力为根据，推动构建人口发展格局，对城市空间布局做到合理规划，对人口城镇化质量予以重视，在区域内引导产业大量聚集，使城镇的就业岗位增加和城市的人口吸纳能力增强，最终推动城市的产业绿色发展效率提升。

第五章　黄河流域保护与发展路径研究

本章主要介绍黄河流域保护与发展路径，主要从两个方面进行阐述，分别是黄河流域人地关系的协调与优化、黄河流域保护和发展协同战略体系。

第一节　黄河流域人地关系的协调与优化

一、黄河流域人地关系演变

（一）人类活动的施压强度

人类活动对黄河流域的施压强度可以总结为五个方面：（1）黄河流域的施压强度明显提高。施压强度可以分为极高、较强、一般和较弱，其中极高的地区城市增长到了 17 个，原本就只有 11 个，剩下的较强及其以下的地区和城市在数量上是减少的，但是只要有地区产生强度的变动，就属于强度类型的提升。（2）施压强度等级有所提升的地区大部分分布在这几个地区，一个是黄河中上游的一些省会城市，比如西宁、呼和浩特和西安；一个是平原地区的一些城市，例如开封、菏泽和聊城等地市；还有一种是矿产资源比较丰富的工业型城市，例如乌海和枣庄。（3）施压的强度是从黄河的下游到上游呈递减趋势。强度比较高的类型的地区大多分布在山东、河南、山西和关中地区，内蒙古的一些地区类型程度也比较强，而越往两端走其强度越弱，像东部地区大部分属于较弱的类型，上游的宁夏、甘肃和青海的一些地区甚至归为为极弱的类型，压力十分小。（4）省域范围内，处于中心区域的城市一般要比省域周边的城市施压强度高。在 2000 年，济南、郑州、西安、太远和呼和浩特等省会城市都比周边的城市施压强度高一个等级，到 2017 年，这种格局进一步强化。（5）陇海沿线地区的施压强度高于周边地区。商丘、开封、郑州和西安的施压强度都达到了较强和极强的类型，洛阳、渭南和咸阳以及兰州等地的施压强度属于一般的类型，剩下的宝鸡和天水是较弱的类型，整体来说，这些地区的施压强度都比周边的要高。

（二）资源环境的承压能力

黄河流域资源环境对人类活动的承压能力呈现出明显的空间分异和集聚的特点。如在 2000 年的时候，黄河的下游地区要比中上游地区的承载力强很多，这是因为中上游地区的资源比较匮乏，人们能够利用的土地和淡水资源比较少，这些地区具有较高的生态敏感性和生态重要性。在这些地区中，承压能力等级表现比较明显，无论是极强或者极弱的地区都比较少，在这些城市中一般承压能力极强地区的土地、淡水资源和矿产资源都十分丰富，因此没有很高的生态敏感性和重要性，这些地区包括山东的济宁、泰安等地和河南的平顶山、焦作、鹤壁等。另一种承压能力极弱的地区主要分布在阿拉善盟、鄂尔多斯市、甘南州、阿坝州等地。在所有的承受能力类型的城市中，一般的类型城市占比达到 15% 左右，包括豫西、关中及平凉、晋南及晋东、西宁和海东等。较强和较弱类型的地区和城市相对来说就比较多了，两种占比都能达到 35% 左右。较强承压能力的地区主要分布在山东、河南两大省份，还有渭南市、阳泉和石嘴山等地区，较弱承压能力的地区主要分布在青海、甘肃、宁夏、内蒙古、晋西等地。2017 年和 2000 年的承压能力呈现出的空间格局十分相似，同时和 2000 年相比，九成以上地区和城市的承压能力等级基本上都没有变化，只有武威和阳泉市的等级下降了，定西市的等级上升了一个台阶。

（三）人地关系的综合状态

在人地关系上，黄河流域的水资源短缺问题十分突出，人地关系的资源环境相比长江流域有更强的制约性。2000 年，黄河流域中人地关系基本协调和宽松的地区基本上在三成和五成左右，仅有西安市的紧张程度为中度紧张，轻度紧张只有 15% 左右。西安市是我国重要的中部城市，再加上是省会城市，人口比较密集，土地的开发程度也比较高，因此人类的活动施压也比较强，此外，西安地区的山地面积占据西安市总面积的将近一半，因此承压能力就更弱了，人地关系自然十分紧张。海东市水资源十分丰富，市域内包含了黄河干流、湟水、大通河三大水系，但是市内的活动强度却不高。石嘴山市拥有丰富的矿产资源，但是经济活动的程度还是不如周边的银川和乌海等地区。人地关系紧张程度较轻的地区一般都分布在省域内的中心城市，比如青岛、济南和郑州、太原等地。人地关系相对比较宽松的地区包括青海、甘肃、宁夏中南部、内蒙古、陕北等地。

二、黄河流域人地关系

（一）"人"与"地"

人地关系在地理学的研究领域中十分关键，是一个永恒的主题。"地"指的是"地球表层环境""自然界"，"人"在这里是指人类活动。人类社会从远古时代诞生，直到发展到今天，已经经历了好几个不同的发展阶段，同时人地关系也随着人类社会的变迁产生变化，人们对自然的态度从最初的敬畏和顺应到今天的利用和改造。人类社会进入到工业革命之后，"人"与"地"的关系更加深刻，人类对大自然的影响也越来越大，不断地从大自然索取资源，其影响刚开始只是对地表小范围的改造，后来发展到对地球演化和物质循环、能量平衡产生影响。这一时期，人类社会产生了一种"人定胜天"的思想，这种思想愈演愈烈，最终让人类受到了大自然的报复：生态被破坏、环境被污染、土地不断退化等，人类社会的生存受到威胁。进入20世纪后，地球进入了全球人口大爆炸时代，人口的增长和对大自然无限制的开发使得全球开始频繁发生环境问题，这种全球性的环境问题让人们更深刻地认识到了环境与人类的关系，人们从20世纪60年代开始对人地关系进行冷静思考，恢复了对大自然的敬畏之心，开始维护"人—地"平衡。可以看出，人类发展史中始终存在"人"和"地"的矛盾关系，习近平总书记曾在十九大报告中强调："人与自然是生命共同休，人类必须尊重自然、顺应自然、保护自然。人类只有遵循自然规律才能有效防止在开发利用自然上走弯路，人类对大自然的伤害最终会伤及人类自身，这是无法抗拒的规律。"①因此，人类社会如果想要健康可持续发展，就必须正确处理人地关系，这也是人类社会发展的重大命题。

人类社会在经济发展过程中，会遇到很多资源环境和区域发展不协调的问题，这些问题发生的根源可以总结为"人地矛盾"引起的地球表层特定地域单元的结构和功能失衡。如果要想解决区域发展所面临的一些问题，最为关键的是运用系统性的眼光去看待问题，对地域系统内各个要素的赋存状态进行探索揭示，同时对各种要素的相互作用机制和演化取向进行研究，从自然资源承载能力和人类活动压力的角度评价人地关系地域系统的运行状态，根据这个区域的特点和区域发展的目标对区域的人地关系进行优化调控。

（二）人地关系的重要内涵

要对区域进行生态保护，最应该突出的是要加强对"地"的保护，高质量的发展突出的是人的发展，人地关系是生态保护和人类发展的本质。黄河流域要健康发展，就一定要处理好人和地的关系。从本质上看，生态保护和人地高质量发展之间是相辅相成的关系，在这两者中，生态保护是高质量发展的前提和基础，高质量发展是最终的目的；但是只有当发展是高质量的时候才可以更好地保护生态环境，形成可持续发展的结局（图5-1-1）。

要保护生态，就要将人的作用发挥出来，更好地提升"地"的承载能力。从历史上看，黄河流域的生态环境十分恶化，经常发生水患，同时水土流失也十分严重，整个地域的生态异常脆弱，传统的粗放型发展模式已经不适用于这个区域，同时也要避免大规模地开发利用土地活动。人类要可持续发展，就要树立起"人和地是生命共同体"的理念，不能为了眼前的利益无节制地对大自然开发索取，要加强对黄河流域资源的节约，治理和开发并举，保护好生态环境，这样就能将"地"的承载能力提升。

---

① 习近平. 中国共产党第十九全国代表大会上大的报告 [EB/0L].（2017–10–18）[2020–03–04].

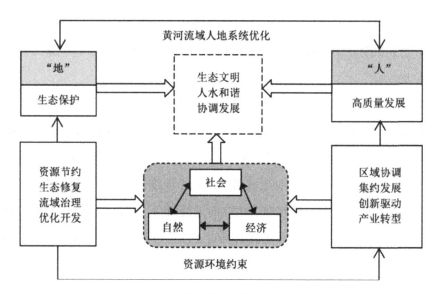

图 5-1-1　基于人地关系理论的生态保护和高质量发展的关系解析

高质量发展要将人的行为约束起来，这样才能缓解"地"的压力。传统的发展模式往往会过量开发资源，资源的消耗十分大，破坏了生态环境，这样也加大了"地"的压力。所以，黄河流域的生态恢复和发展必须考虑到环境的承载能力，同时也要以环境和资源的禀赋为依据，要尊重自然规律，当地的产业发展要视当地的生态环境情况进行转型生产，向着集约化和创新型方向发展，减少对生态资源和环境的占用，让人类社会的经济活动减少对"地"的压力。

三、人地关系的协调与优化

人地系统属于一种复合系统，包含了多种要素，形成了"自然经济—社会"的模式。人地系统的各个方面包括结构、功能和效率等，这些都可以对"人"对"地"的压力状况产生决定性的影响。人类社会和经济的发展应该以正确的人地关系为前提，在黄河流域的生态保护和高质量发展中，人们一定要以尊重自然规律为基础，一定要摒弃传统认为人应该征服自然、征服一切的冲动思想。如图5-1-2所示，这张图反映的是黄河流域生态保护和高质量发展的框架，构建的基础是从人地系统优化视角出发。高质量发展就必须要做到适度利用资源，提倡绿色发展，不断加强创新动力，将传统粗放的产业模式向着集约化和创新的方向转型，不断提高技术含量，这样的高质量发展才更加有效率，也更加协调。

在未来的发展中，应该加强生产的技术含量，依靠科学技术提升生产效率，"人"与"地"的关系从原本的人对自然的无限制索取过渡到人对自然的保护、治理和优化，将黄河流域的生产发展模式向着高质量方向调整，将"自然经济—社会"复合系统的运行效率提升，让生态保护和高质量发展更加协调统一，重新让黄河焕发生机与活力。未来黄河流域的高质量发展应该从以下方面协调人地关系。

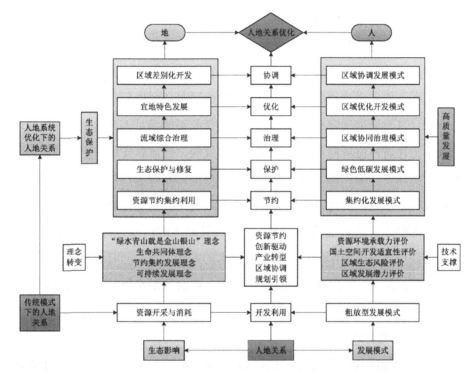

图 5-1-2 基于人地系统优化视角的黄河流域生态保护和高质量发展的框架

（一）人地关系的协调

1. 加强生态保护与修复

始终秉持绿色发展的理念，将传统的"先污染后治理"的发展理念转变成"先保护后发展"的新型理念。在对黄河流域的生态恢复和人类发展过程中，首先要做到加强对生态的保护和修复，对流域进行综合的治理，发展绿色低碳经济，最终形成一种生态优先的空间治理体系。针对黄河流域的生态脆弱区，要加大保护和修复力度，尽量减少人为干扰，这样随着治理的进程就可以将流域内的自然生态功能逐渐恢复，同时也保护了流域内的生物多样性。对流域内水土流失严重的区域，要加强生态治理，坚持"山水林田湖草"生命共同体理念，同时还要加强对环境污染的治理，采用系统治理的理念，将两者结合起来协同进行。针对流域内不同地区的不同生态特点，一定要因地制宜，采用适合当地情况的保护和治理方法，努力将黄河流域建设成"生态文明示范带"。

2. 加强水资源节约利用

我国的地理特征和气候特点影响了水资源的分布，我国的水资源呈现出北少南多的格局，黄河流域的发展主要就是被水资源约束。黄河流域的发展如果要紧跟社会发展，要实现当地的工业化和城镇化的同时还要做到对农业生产和粮食安全的保障，其发展进程容易受到当地有限水资源不能满足不断增加的用水需求的限制。为了让黄河流域向着既定目标的方向发展，应该首先做好水资源的规划和分配工作，以不同地区的人口、产业和城市规模为基础进行规划。为了降低农业生产的成本，节约水资源，要开展节水农业，利用技术支撑将水资源的利用率提高。对于那些水资源耗能高的产业，要提高其准入的门槛，将用水的需求降低。另外，要让全民养成节水的意识，加大节水的宣传力度，同时保障用水安全。社会各方面无论是生产还是生活都能做到节水，就会逐渐将黄河流域的水资源支撑能力提高。

3. 加快区域差别化发展

以主体功能区规划为依据探索区域差别化发展模式。比如说，黄河的源区由于其重要作用和该地区脆弱的生态环境，恢复起来难度很大，属于禁止开发区和限制开发区，这个地区的发展重点应该放在生态保护上，结合当地的地理环境特点可以适当地发展高原牧业；黄河中游地区的典型生态问题是水土流失，属于限制开发区，要做好生态的治理工作，一些平原地区在农业上应该走现代农业发展道路；流域的下游平原地区人口密度大，是经济发展的重点区域，发展的重心应该在集约和优化上，形成新型城镇化发展模式。不管黄河流域的哪个地区，其发展的模式建设应该建立在区域资源承载力评价和区域发展潜力评价的基础上，以国土空间规划为引导，合理划定"三区三线"，将水土资源治理好、保护好，将人地关系的强度阈值作为发展的基础，走上一条可持续发展的特色道路。

（二）人地关系的优化

1. 加快产业转型升级

高质量发展的前提是以技术为依托，产业转型升级离不开技术的支持，其发展的驱动就是创新，将一些产能落后的产业逐渐淘汰，发展起资源利用效率高的新型产业。黄河流域不同地区有不同的发展特色，因此要走具有自己特色的发展道路，比如，黄河流域的中心城市发展的重点在于对潜力的挖掘，提升城市的发展质量，利用技术让自己的竞争力增强；发展比较落后的地区主要的任务是要将当地的民生改善，尤其是那些贫穷地区要根据自身的特点找出一条特色的发展道路，同时也要加大对该地区的精准扶贫力度，两者结合共同推进。对于区域产业的配置，要以区域整体的角度讲资源的配置优化，不能以为追求数量上的大，避免重复性的建设，逐步走向精细化的发展道路。

2. 推动区域协调发展

资源的承载力是维持一个区域人口和社会经济发展的基本能力。黄河流经我国九个省份，跨度很大，因此在自然环境、气候特点和资源禀赋上自然有着巨大的差异。不同地区的发展应该结合当地的特点，以区域的承载能力为基础，对黄河流域的上中下游和左右两岸的不同地区进行分类规划，实行适合当地发展的模式，不能千篇一律、照抄照搬。比如说，在一些生态比较脆弱的地区，应该减少开发，要不断完善该地区的基础设施建设，提高公共服务水平，让人们的生活水平不断提高。区域发展的本质应该是有差别的发展，并且不同地区的发展应该有自己的特色。同时，还应该在黄河流域不同省份之间探索出横向生态补偿体制、机制，要将生态当作公共产品，优化人地关系。

3. 推动城乡协调发展

我国的扶贫进程已经进入了关键时期，作为经济欠发达地区，黄河流域不光有生态脆弱的问题，也出现了城乡发展不协调、三农问题比较突出的问题。黄河流域的发展要想加快步伐，就要让不同的地区探索出各具特色的发展道路，尤其是农业的发展应该形成差别化的模式。秉持着"绿水青山就是金山银山"的思想，要将生态资本价值、生态补偿等理念与"三农"问题结合起来，对农村的自然资源产权制度进行改革，以"山水林田湖草"生命共同体理念为基础，科学调整农村产业结构，并使之形成良好的好机制和方式，这样农业发展的效率才会不断提高，也就增加了农民的幸福感，让农村生态文明建设和农业可持续发展协同进步，相互促进。

4. 强化文化引领作用

人地的关系也会通过文化反映出来。黄河流域在我国的发展历史十分久远，因此有着厚重的文化底蕴。黄河是华夏文明的发源地，其文化的建设具有独特性。在黄河流域的发展中也应该从文化方面着手，从当地的历史文化中挖掘出人地和谐、治水精神、道法自然等文化元素，可以将传统的优秀的思想理念和现代化的发展理念相结合，比如"天人合一"的思想和当代的人地协同和低碳与绿色发展的理念结合，将这种具有继承和创新性的文化发展成黄河流域的文化品牌。这样可以在对黄河文化大力宣传和继承的过程中，以文化产业的方式推动当地的经济和社会的转型，也在精神上让黄河流域的人地和谐文化内涵丰富人们的精神力量。

黄河流域生态保护与高质量发展是一项涉及自然经济、社会和文化等多要素协调的系统工程，其关键是人地系统的优化。从大禹治水时代开始，我们的祖先就一直在思考如何处理人地关系。黄河流域作为中华文明的发源地，在历史长河中，水害频繁是黄河流域"地"对"人"的最大约束。而到了近代，黄河流域的人地关系发生了重要改变，随着水患的治理取得成效，工业化、城镇化的发展使"人"对"地"的影响逐渐加深，大规模开发带来了生态破坏和土地退化。因此，如何正确定位黄河流域的人地关系又一次成为摆在我们面前的重大课题。而加强生态保护和高质量发展的协调为黄河流域人地关系优化发展指明了道路，也将成为未来一段时间内黄河流域经济社会发展的基本方略。

第二节 建立黄河流域保护和发展协同战略体系

一、黄河流域保护和发展协同战略的现实要求

黄河流域生态保护和高质量发展的目标追求与黄河流域当前面临的各类问题，为黄河流域协同治理提出了要求、指明了方向。

（一）黄河流域的生态环境问题

尽管中华人民共和国成立以来黄河治理取得举世瞩目的成就，但由于黄河流域独特的自然地理特征和人为的不当开发利用，黄河流域仍旧面临着水资源短缺、水生态脆弱、水环境超载和水灾害严峻等生态环境问题。黄河流域水资源严重短缺。黄河水资源总量仅占全国的 2%，却承担着灌溉全国 15% 的耕地、养育全国 12% 的人口的重任。目前，黄河水资源开发利用率高达 80%，枯水年甚至超过 85%，远超一般流域的开发利用警戒线。据预测，到 2035 年黄河流域经济社会缺水量将达 133 亿 m³ [①]。水资源短缺已经成为制约黄河流域经济社会发展的最大瓶颈。

黄河流域水生态十分脆弱。因气候变化和人为活动导致的生态系统退化，黄河河源区水源涵养功能仍在降低，唐乃亥水文站年均径流量低于 20 世纪 80 年代的水平。上中游水土流失问题依然严重，黄土高原地区仍有 24.2 万 km² 水土流失面积未得到有效治理。下游生态流量偏低，河口三角洲天然湿地面积与 20 世纪 80 年代相比减少约 50%，沿海滩涂湿地萎缩 40%，对物种生境保护构成重大威胁。

黄河流域水环境超载问题严重。2019 年，黄河 137 个水质断面中，劣 V 类水占比达 8.8%，居七大流域之首，水质状况不容乐观。黄河流域水环境承载力分布与经济社会发展布局严重错位，主要纳污河段以约 35% 的水环境承载能力接纳了流域约 90% 的入河污染负荷，城市河段入河污染物更是严重超过水环境承载能

---

① 牛玉国，张金鹏 . 对黄河流域生态保护和高质量发展国家战略的几点思考［N］. 黄河报，2021–01–05（3）.

力。流域水体污染损害了河道内的生态环境、威胁河道生物多样性，同时也影响到取水和用水安全。

黄河水少沙多、水沙时空关系不协调，致使黄河"善淤、善决、善徙"，极易引发水灾害。黄河上游干流防洪防凌形势严峻，三盛公至昭君坟超过200km河段形成新的悬河。黄河下游800km"地上悬河"一旦发生洪水决溢，将严重危及沿黄地区人民生命财产安全。"二级悬河"整治工程仍不完善，高村以上299km的游荡性河势未得到完全控制，生活在下游滩区的百万群众面临着洪水威胁。

（二）黄河流域的经济社会问题

党的十八大以来，黄河流域经济社会发展水平不断提升、百姓生活明显改善。由于流域内不同区域自然生态条件差异大，再加上传统产业转型升级滞后和内生动力不足，整体来看，黄河流域经济社会发展面临着发展不充分、不平衡，发展速度趋缓和发展质量有待提高等问题。

黄河流域的经济发展水平整体低于全国平均水平，流域内各省区的发展水平呈现出由东向西阶梯降低的特征。黄河上中游7省区都是发展不充分地区，全国14个集中连片特困地区有5个涉及黄河流域。2019年，上游地区的青海、甘肃和宁夏GDP全国占比均低于1%，三省区GDP总额仅占全国的1.56%；中游地区的内蒙古、陕西和山西GDP全国占比处于1.7%至2.6%之间，三省区GDP总额仅占全国的6.05%；下游地区的河南和山东是经济大省，GDP全国占比分别为5.42%和7.12%，两省GDP总额占全国的12.54%。流域内GDP最高的山东省与GDP最低的青海省GDP相差近23倍。黄河流域九省区的人均GDP均低于全国人均水平，其中甘肃人均GDP不到全国人均水平的50%。

从1999年到2008年，黄河流域的经济发展快于全国其他地区，GDP全国占比从1999年的20.82%上升到2008年的23.85%；而2008年至2019年，黄河流域的经济发展慢于全国其他地区，GDP全国占比从23.85%下降到21.95%。近20年，黄河流域经济发展呈现出从快到慢的倒U型曲线。整体来看，黄河流域各省区的市场化指数不高，除山东省和河南省以外其余省区明显低于全国平均水平；高端人才、产业资本和先进技术等核心要素外流严重，全要素生产率偏低；产业结构不合理，能源重化工仍为支柱性产业且生产方式粗放，大数据、人工智能等新兴产业发展水平较低；流域内城市间的产业同质性强、分工合作关系弱，尚未形成协调互补的产业链和产业集群，流域发展合力不足。此外，黄河流域的经济社会发展和生态环境保护之间存在较大的冲突。

（三）黄河流域管理体制问题及涉水法律问题

由于现有黄河流域管理体制"碎片化"和涉水法律不完善，相关管理机构和法律规范未能充分发挥出协同治理功能，未能协调好黄河流域生态环境保护和经济社会发展两类问题。

黄河流域涉水事务包括水资源利用、水生态保护、水污染防治和水灾害防控等方面。当前，黄河流域水资源管理采取"流域管理与行政区域管理相结合的管理体制"，黄河水利委员会（以下简称"黄委会"）统筹协调流域生活、生产和生态用水，水资源管理具体事务由地方主管部门负责；在水生态保护方面，黄委会负责指导、协调流域内水土流失防治工作，但土地沙化、荒漠化防治和湿地生态保护修复由林草部门负责；在水污染防治方面，采取"统一管理与分级、分部门管理相结合的管理体制"，黄委会核定水域纳污能力，提出限制排污总量意见，而入河水污染防治由地方主管部门负责；在水灾害防治方面，黄委会承担流域防汛抗旱总指挥部的具体工作，而防汛组织与指挥调度则实行地方行政首长负责制。黄河流域现有涉水管理体制，形式上体现了部门治理的专门化优势，但由于黄委会的权威性不够、缺乏更高层级的协调机制，部门之间的职责分工不明确、部门与区域之间的协作不顺畅以及部门本位和地方保护等原因，黄河流域实际上形成了"纵向分级、横向分散""条块结合、以块为主"的"碎片化"流域管理格局。这样的管理格局人为地割裂了具有整体性和系统性的流域生态空间，有悖流域治理系统性、整体性和协同性要求，难以有效推动黄河流域生态保护和高质量发展。

二、黄河流域保护和发展协同战略体系的构建

围绕生态保护与高质量发展主题，因地制宜、分区施策，立足全流域整体和长远利益，从上中下游区域协同，水生态—水环境—水资源—水安全—水文化

"五水"协同,水—气—土生态环境治理协同,减污降碳协同,多元政策实施协同等 5 个方面,构建黄河流域生态保护和高质量发展协同战略体系(图 5-2-1),提高黄河流域保护治理和绿色发展的系统性、整体性、协同性,将黄河流域建设成为生态环境及河流生命稳定健康、水资源集约节约利用、基础设施和公共服务发达完善、市场体系开放有序、产业布局合理高质、黄河文化繁荣振兴的现代流域经济带,实现生态、民生、资源、经济和文化 5 个方面的协调发展。

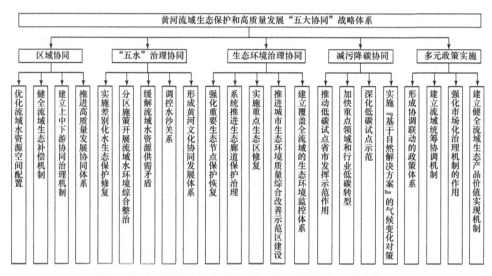

图 5-2-1 黄河流域生态保护和高质量发展协同战略体系

(一)区域协同战略

从区域协调发展的战略视角出发,应着眼于黄河水资源的利用与调度,将水资源作为刚性约束,以水定城、以水定地、以水定人、以水定产。通过优化流域水资源配置、开展流域生态补偿机制、建立联席会议制度等,统筹可利用水资源量、水环境质量,以中心城市和城市群带动周边城市发展,实现黄河流域上中下游及左右两岸生态保护和高质量发展相协同。

1. 优化流域水资源空间配置

加快推进水权交易市场建设,完善上中下游水权跨区域调配,建立全域水权合作机制。在黄河中下游实施用水指标水权置换,协调超指标用水地区和未达用水指标地区之间供需矛盾,促进黄河流域用水公平;对中下游地区引黄水价进行调整，引导中下游地区不断提高用水效率，促进水资源配置进一步优化。

2. 健全流域生态补偿机制

以《支持引导黄河全流域建立横向生态补偿机制试点实施方案》为依据，以水资源、水环境为重点，加快推动黄河流域跨区域生态补偿全面落地；建立黄河流域生态补偿机制管理平台，支持引导沿黄九省（区）建立多元化横向生态补偿，加快碳汇交易、水权交易、排污权交易等市场化补偿机制的创建或完善。

3. 建立上中下游协同治理机制

探索建立"统一规划、统一标准、统一环评、统一监测、统一执法、统一应急"的黄河流域上中下游生态环境保护联动机制；加强全流域生态环境执法能力建设，完善跨区域跨部门联合执法机制；完善全流域水沙调控体系，统筹推进上游地区水源涵养、中游地区水土保持以及下游地区滩区治理和防洪建设，实现上中下游水沙协同共治；建立黄河流域大数据平台，对水资源、水环境、水生态、水灾害等进行统一监测与管理。

（二）"五水"治理协同战略

坚持生态优先，构建水生态、水环境、水资源、水安全、水文化"五水"统筹的战略体系，建立体现黄河流域特色的"五水"治理目标指标和考评办法。充分考虑黄河上中下游"五水"特征，制定"五水"治理协同战略实施路线图。

1. 推进美丽河湖建设

实施差别化水生态保护修复，分区分类实施管控修复，逐步恢复干支流及重要湖泊水生态系统，提升上游地区的水源涵养功能，有效解决中下游地区河湖水生态受损严重问题。对黄河干流及主要支流河源区，加强天然林和草地保护，以封育保护为主，实施封禁治理，疏解人类活动压力，尽可能维护生态系统的原真性和完整性；对汾河、涑水河等水生态系统受损严重的河流水体，积极开展河岸生态缓冲带和水生植被生态保护恢复；对洮河、渭河、泾河、北洛河、无定河、窟野河等水土流失严重的支流，因地制宜开展"梁、塬、坡、沟、川"综合治理；开展大汶河、东平湖等下游主要河湖水的生态修复工程，实施河湖周边水源涵养林建设、岸堤植被恢复等工程，恢复河湖水系廊道功能；重点开展黄河三角洲湿地保护修复工作，加快推进退塘还河、退耕还湿、退田还滩，实施生态补水工程，连通河口水系，扩大自然湿地面积。

2. 强化环境污染系统治理

分区施策开展流域水环境综合整治，重点开展湟水河、窟野河、石川河、北洛河、泾河等区域的城镇污水处理设施提标改造及管网建设；集中开展鄂尔多斯市、榆林市等工业集聚区水污染治理，落实企业治污责任，确保稳定达标排放；重点开展汾渭平原和河套灌区主产区等农业面源污染控制，采取生态拦截沟、测土配方施肥等措施，推行生态灌区建设，综合治理面源污染；实施煤化工、焦化、农药、农副食品加工、原料药制造等重点行业工业废水提升整治工程，持续推进工业企业废水深度处理与循环利用，逐步提高废水综合利用率，减少工业废水排放。

3. 缓解流域水资源供需矛盾

从农业、工业和生活等领域全方位节水，从取水、供水到耗水全过程节水，推动用水定额落地，补齐节水工程短板，强化节约用水监管。通过水资源刚性约束倒逼，抑制不合理用水需求，提高水资源利用效率，推动流域水资源使用空间均衡。兰（州）西（宁）经济带重点提升合理利用水资源、提高水资源的承载能力，宁蒙灌区重点加强节水提效、水土平衡，中游能源基地重点保障供水、提高用水效率，下游及引黄灌区重点控制规模、水源置换。可按照"大稳定、小调整"原则，优化调整"八七"分水方案，适当增加上游部分省份的用水指标。

（三）生态环境治理协同战略

从黄河流域生态系统整体性出发，按照"点（多点）—线（一干十廊）—面（七区）"布局污染治理任务和工程，形成纵横交错的生态环境治理网络，协同推进全流域水、大气、土壤的环境与生态系统保护治理。

1. 强化重要生态节点保护恢复

推进乌梁素海、红碱淖、东平湖、沙湖等重点湖库系统保护；以甘肃白银，青海西宁，陕西宝鸡、商洛，河南三门峡、洛阳等地区和涉重金属企业为重点，推进土壤污染风险防控。强化藏羚羊、雪豹、野牦牛、土著鱼类、珍稀植物等重要野生动植物栖息地的保护性恢复。

2. 系统推进生态廊道保护治理

巩固黄河干流水环境质量，保障生态流量，确保水生态安全健康。推进湟水、洮河、窟野河、无定河、延河、汾河、渭河、沁河、伊洛河、大汶河等重点支流水环境治理与水生态保护修复，维护生态廊道功能。

3. 实施重点生态区修复

在以三江源、祁连山、甘南、若尔盖等重点生态功能区为主的黄河源头水源涵养区，以内蒙古高原南缘、宁夏中部等为主的荒漠化防治区，以陇东、陕北、晋西北黄土高原为主的水土保持区，以汾河、涑水河、乌梁素海为主的重点河湖水污染防治区，以黄河三角洲湿地为主的河口生态保护区，以汾渭平原为主的大气污染防治区，以矿产资源开发集中区等为主的土壤污染风险管控区，系统推进区域生态环境综合治理工程。着力提升黄河源区水源涵养功能，推进西北荒漠化防治区与黄土高原水土保持区修复治理，逐步恢复黄河三角洲区域湿地生态功能，改善重点河湖水环境治理并提升汾渭平原大气环境质量，强化矿产开发集中区和土地开发强度较高地区的土壤污染风险管控。

（四）减污降碳协同增效战略

1. 推动黄河流域各省（区）市低碳试点工作

发挥示范作用，分阶段分区域实现碳排放达峰。鼓励甘肃平凉、河南焦作、宁夏中卫等已经具有碳达峰趋势的城市在 2022 年实现达峰；河南安阳、甘肃天水以及陕西西安、宝鸡、渭南等已经处于碳排放平台期的城市在 2025 年左右实现达峰。强化实现碳达峰目标的过程管理，科学确定黄河流域各省（区）单位国内生产总值的碳排放强度目标和实施计划。

2. 加快重点领域和行业低碳转型

加强煤电、钢铁、建材、有色、石化等高耗能行业的碳排放总量控制，严格管控内蒙古、宁夏、陕西、山西等省（区）新增煤电和煤化工项目的碳排放强度和排放总量。推进"煤改气""煤改电"进程，实施工业用煤减量替代，提高工业电气化水平。在黄河上中游能源化工基地的发展中，加强高标准绿色低碳循环现代化能源示范园区建设。依托北方地区清洁采暖等重大工程，深入推进黄河流域北方城市建筑用能清洁改造。完善低碳出行基础设施建设，构建智慧型交通运输体系。

3. 深化低碳试点示范

推动近零碳排放和碳中和示范区建设，结合地域、行业特点，建设一批零碳城市、零碳社区、零碳园区。在陕西、山西、内蒙古等具备工作基础和先天条件的区域，推进二氧化碳捕集、利用和封存的重点工程部署和集群建设。选择低碳发展基础好、意愿强烈的地区和城市，开展环境质量达标和碳排放达峰"双达"试点示范。

（五）多元政策实施协同战略

依据"共同抓好大保护，协同推进大治理"的核心思想，通过完善政策制度、搭建管理平台等，使生态保护政策与经济发展政策等形成政策联动效应，建立统筹协调、系统高效的综合管理制度，共同推动黄河流域高质量发展。

1. 形成协调联动的政策体系

完善水资源配置政策，结合国家水网工程、南水北调后续工程及相关重大调水工程建设，科学合理地确定黄河干支流河湖生态流量（水量），优化和细化"八七"分水方案；落实节水制度，制定实施黄河流域水资源节约集约利用行动方案，制定节水的配套激励政策，引导社会资本投入深度节水控水项目；建立水权交易平台，实现节约水量跨区域、跨行业流转；完善水价机制，实行分地区、分行业、分时段差异化水价、阶梯水价、累进加价等制度；做好重点河段和薄弱环节的灾害防控；建立水生态监测与水生态考核制度，构建以排污许可制度为核心的固定污染源监管制度体系；组织编制黄河流域能源转型发展规划，制定实施黄河流域工业绿色高质量发展相关配套政策。

2. 建立流域保护和发展统筹协调机制

创新体制机制建设，以统筹协调机制为抓手，将区域协同、部门合作等融入黄河保护治理综合决策，打破行政区域分割，破解管理混乱问题。建立跨行政区域的重点区域、流域环境污染和生态破坏联合防治协调机制；建立全流域多主体、多力量的共同参与保护、治理的推进机制以及区域间、城乡间、部门间、社会主体间的协同实施机制；构建黄河流域生态保护与高质量发展信息共享平台，实施黄河流域跨区域、跨部门、跨行业的信息共享制度。

三、黄河流域保护和发展协同战略的实现路径

（一）治理架构转向

从涉水管理到流域治理。流域既是以水为纽带和基础的自然空间单元，也是人类生产生活的社会空间单元，是自然与人文交融的整体。从自然地理角度看，流域是一个从源头到河口的集水区域，其以河流为中心，由分水线所包围。集水区域内，河流在水动力的作用下，输送水、土、沙及其所含物质，并在此过程中发生物理、化学和生物反应，形成以河流为主线，由水土、人和动植物等构成的物质、能量和信息不断循环的自然生态系统。从经济社会角度看，流域不仅仅是以河流为中心的自然生态系统，它直接影响流域内的人口分布、经济发展和社会文化，反过来流域内的人口状况、经济活动和社会文化又不断改变甚至塑造流域自然生态系统。流域的自然生态因素和社会经济因素相互交织、互相影响，形成"自然—经济—社会复合生态系统"。

黄河是中国第二大河流，黄河流域不仅具有流域的一般特征，更具有自身的独特性。由于黄河水少沙多，水沙关系不协调，洪水风险依然是流域安全的最大威胁，水资源短缺已经成为流域发展的最大瓶颈。黄河流域既是中国重要的生态屏障，又是中国重要的能源基地和粮食产区，还是巩固拓展脱贫攻坚成果的重要区域。黄河流域的独特性，使得流域中的自然生态因素与社会经济因素交织得更为紧密，流域的体系性更强、整体性更高。然而，当前黄河流域管理面临着统领型流域协调机制阙如、派出型流域管理机构聚合力有限、闭合型区域管理各自为政、分割型部门管理"九龙治水"的困境。黄河流域的独特性和管理困境，要求黄河流域的治理架构必须跳出"就水管水""九龙治水"的窠臼，弥合行政区划对流域整体性的分割，打通部门管理对流域体系性的分隔，增强流域管理的统领性，提升经济社会发展和生态环境保护的协调性，实现从涉水管理到流域治理的转向。

黄河流域治理架构从涉水管理转向流域治理，需要理顺各类主体间的关系、明确各类主体的功能与定位。一是坚持"中央统筹、省负总责、市县落实"的纵向服从机制。中央层面主要负责制定黄河流域的重大规划和政策，协调解决跨区域的重大问题；省级政府对流域重大规划、政策的落实和跨区域重大问题的解决负有主体责任；市县层面按照上级的部署具体落实生态保护和高质量发展的各项目标和工作。二是健全流域管理机构统领、区域政府合作的横向协同机制。一方面要优化和强化流域管理机构的职能，由其统领黄河流域防洪抗旱、水资源管理和水土保持等方面的工作，同时充实其在流域开发与治理方面的功能；另一方面各区域政府应在流域管理机构的指导和协调下，从流域治理目标出发，摒弃地方保护、加强协同联动，弥合地区分割，实现互利共赢。三是完善水利部门牵头、有关部门分工履职的横向协作机制。水利行政部门应以水资源为抓手，通过用水总量和用水定额管控，强化水工程统一调度，水土流失综合治理，水文水质监测和规划水资源论证等制度和手段，在黄河流域水资源利用、水生态保护、水污染防治、水灾害防控中发挥更为重要的作用。有关部门应破除部门本位、着眼流域治理目标，在流域发展规划编制、国土空间管控、排污许可管理等方面以水为核心，加强与水利部门的协作，共同推动黄河流域生态保护和高质量发展。

（二）治理模式转向

从科层管理到多元共治。一般认为，科层管理是指组织按照职级和职能进行分层和分工，并以共同认可的规则为管理依据的垂直型管理方式。理论上，分层、分工和规则化的科层管理具有严密性、合理性和稳定性优势，能有效保障组织管理的高效率。政府组织采取的管理方式就是典型的科层管理。当前黄河流域的管理模式具有科层管理的主要特征，即依靠纵向分层、横向分工的行政组织体系进行自上而下的管理。虽然黄河流域管理组织中，还有黄委会这一流域管理机构，但黄委会只是纵向管理组织水利部的派出机构，其存在并未实质性改变流域科层管理的样态。根据协同治理理论，作为"自然—经济—社会复合生态系统"的黄河流域能否发挥协同效应，取决于流域内各子系统之间能否相互协调、相互合作，从而实现时空和功能上的有序发展。科层制下的黄河流域管理，人为地割裂了流域内各区域之间、各要素之间的循环互动，导致了流域管理的碎片化，影响流域治理的效能。

科层制下政府单中心管理模式与黄河流域治理事务的复杂性、多样性之间存在矛盾。黄河流域生态环境的公共性决定了作为"信托人"的政府应当在流域治理中扮演主角，但不应是唯一角色，避免政府单中心管理模式存在"失灵"情形。黄河流域覆盖了广阔的国土空间，上中下游各区段急需解决的问题各不相同。流域治理事务涉及生态环境、经济发展和脱贫攻坚等方面，触及宏观、中观和微观多个维度，涵盖政策制定实施和监督评估等环节。

然而，科层制下的政府组织一直主导黄河流域治理的各个维度，几乎成为流域治理的唯一主体。随着经济社会的发展，人民对美好生活的要求日益提高，这种政府大包大揽的管理模式，不仅无法做到全面兼顾，而且极大挤压了市场主体、社会公众参与流域治理的空间。可以说，复杂多样的流域治理事务逐渐超出了科层管理体制下政府的能力域限，政府需要向外寻求合作，发挥其他主体的功能优势，与市场主体、社会公众协同合作，共同治理黄河流域。由此，黄河流域治理模式亟须从科层管理转向流域多元共治。

四、黄河流域保护和发展协同战略的立法保障

（一）以"黄河法"为核心

流域立法应以整体主义立场和系统论方法为理论基础，保障黄河流域协同治理的法律体系，必须体现流域生态保护和高质量发展系统性、整体性和协同性特征。保障黄河流域协同治理，要尽快制定综合调整黄河流域生态保护和高质量发展事务的"黄河法"，与此同时修改完善现行相关法律法规。

黄河流域协同治理面临的生态环境问题、经济社会问题和管理体制问题亟须以系统性、综合性、专门性的"黄河法"来解决。"黄河法"应立足于黄河流域特殊的自然生态和经济社会特征，加强国土空间规划与管控、水资源节约集约利用，将生态系统保护与修复相结合、污染防治与环境质量改善相结合，突出流域

水沙调控与防洪安全以确保黄河长治久安，通过保护自然遗迹与人文资源传承弘扬黄河文化。

"黄河法"应着眼于流域生态保护和高质量发展目标，坚持"生态优先、绿色发展"，统筹考虑上下游、左右岸、干支流各方利益，明确各级各类主体的功能与定位，综合运用行政管控、市场调节和社会参与等多种措施。此外，"黄河法"在弥合现行相关法律分散缺陷、填补有关制度空白和进行相关体制创新的同时，确保各部分各条文之间的系统性和协同性，避免因立法内容重复、体系框架空洞和法律责任轻软而沦为政策性宣示文件。

（二）权责明晰

权责明晰的流域协同治理体制是黄河流域协同治理的根本保障。针对黄河流域现有管理体制存在的问题，有必要通过立法建立国家层面的流域议事协调机制，强化流域管理机构的统筹协调和行业监管职能，细化明确各地各职能部门的职责权限。

建立国家层面的流域议事协调机制。黄河流经 9 省（区），涉及 69 个市（州、盟）329 个县（旗），黄河流域治理涵盖生态保护、资源利用、城市发展、产业布局等方方面面的事务，目前的黄委会显然无法对流域治理事务进行全面的统筹协调。有些学者认为，可以通过赋予流域管理机构具有相对独立性的涉水管理事权提升流域管理机构的统筹协调能力；也有些学者主张，通过设立由国务院直接管辖的黄河流域管理机构建立统筹协调、系统高效的流域综合管理体制。这两种做法无疑都能提升流域管理机构的权威和统筹协调能力，但是任何一个单一的机构和部门都不可能具备全面统筹协调流域治理事务的能力。更可行的方法是在中央层面建立黄河流域生态保护和高质量发展议事协调机制，统筹黄河流域重大政策、规划和项目，协调跨地区跨部门重大事项，督促检查黄河治理重大工作的落实情况。由于该协调机制并非常设机构，可以设立专门的机构负责其运转或者由黄委会承担起相关支撑保障工作，避免因有机制无机构而影响协调机制统筹协调功能的发挥。

五、智慧黄河概述

（一）智慧黄河工程的概念和参考框架

立足流域整体，站位黄河流域生态保护全局和高质量发展，广义来讲，智慧黄河就是以人与自然和谐共生理念为指导，以让黄河成为造福人民的幸福河为目标，以科学完善的管理体制机制、法律法规、制度标准、工程技术、信息通信技术等要素为有机驱动，实现黄河流域自然水系、经济社会、水生态环境三者健康和谐共生的动态平衡状态。可以说，智慧黄河是智慧水利在黄河流域的具体实现，是以新一代信息通信技术为主要创新驱动，实现黄河流域水资源水生态保护治理向更高级发展形态的转型。其参考框架由以下 5 个基本层次组成：第一，流域管理体制机制层是实现流域保护治理的组织管理基础。第二，流域保护治理的法律法规层是履行流域管理职责、机制正常运行的法律法规保障。第三，制度标准层是黄河保护治理所需要的业务和技术标准要求。第四，水利工程技术层是实现黄河保护治理的硬核层、根本手段，如水库、堤防、取退水涵闸泵站等。第五，信息通信技术层为赋能层，对上面 4 层进行赋能和能力提升，实现流域物理空间和社会空间向信息空间的数字映射，并以孪生体的形态进行双向互动、作用。

智慧黄河的 5 个基本层是一个有机整体，共同作用，缺一不可；任何一层都无法单独实现黄河流域自然水系、经济社会、水生态环境三者健康和谐共生的动态平衡。但是，在建设推进的实践过程中，可以从行业或者特定空间范围对智慧黄河有更具体的理解、定位，如智慧生态黄河、智慧山东黄河等，同时也将伴有阶段性特点。

从黄河流域保护治理和水安全保障的角度及信息通信技术层讲，智慧黄河就是充分利用新一代信息通信技术建设数字映射体系，将黄河流域及其影响区域内的物理空间要素和相关的经济社会空间要素同构映射到信息空间，形成流域数字流场，生成重点对象数字孪生体，基于数学模拟系统，构建具有预报、预警、预演、预案功能的智慧应用体系，实现黄河流域保护治理和水安全保障智慧化的新形态。

数字映射体系是利用"天—空—地—网—人"一体化数据感知技术来采集处理相关数据的，具有安全性、精确性、敏捷性、动态性、全息性等优势。要素同构映射，要求对流域物理和社会空间相关对象在信息空间中一对一创建数字化对象，同时保持对象间的逻辑关系。重点对象是数字孪生体，针对在黄河流域保护治理和水安全保障发挥重要作用的流域物理和社会空间的对象建立数字孪生体，如水库、险工控导工程、水文站等。数学模拟系统核心包括各类业务逻辑处理、水文水动力学机理、大数据驱动的数学和人工智能等模型，可对黄河保护治理相关事件的时空趋势洞察分析，模拟仿真。

智慧黄河在建设发展过程中，将遵循智慧水利提出的要求、绘画的主线、制定的路径，完成赋能黄河流域水旱灾害防御、水资源节约利用、水资源优化配置、河湖生态保护治理的使命。在实践效果上，智慧黄河必须具备现势感知、趋势预判、势态掌控等3个方面的能力，具体表现为6个特征：水沙情势可感知、资源调配可模拟、工程运行可掌控、调度指挥可协同、人水和谐可测控、系统安全可保障（图5-3-1）。

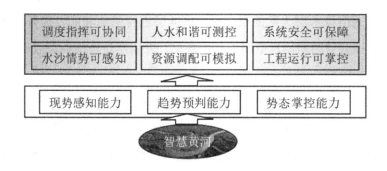

图 5-3-1   智慧黄河的能力特征

（二）智慧黄河主要内容

顺应智慧水利的要求，智慧黄河工程主要内容包括三大方面。

1. 构建数字孪生流域

建设黄河流域数字化场景，将黄河流域影响区域内的自然地理、经济社会和生态环境的历史和现实状态映射到信息空间。

数字化场景主要对象包括：流域空间基础地理，如流域地形、水系、湖泊、河势、道路等；水利工程，如水库、淤地坝、堤防、取退水涵闸、工程险情等；雨水沙情，如流域历史降雨、历史洪水、河道输淤沙、历史洪旱灾害等；经济社会，如影响区内的产业、经济、农业结构、人口等；生态环境保护，如黄河源生境、脆弱区植被覆盖、湿地、重点区域水土流失、重大历史环境事件等。上述对象的数据具有多时空粒度、多物理度量、多时态变化、时空连续、多相态展现等特性，其采集获取均通过数字映射体系实现。这些数据由智慧黄河的统一大数据管理平台进行管理；要按照标准的数据模型结构，经过系统化标准化加工处理、重构，融合成黄河流域二三维数字地图，以及数字高程、数字正射、工程 BIM 等模型，并叠加雨水沙和经济社会数据，构成黄河流域数字化场景。黄河流域数字化场景为模型算法、大数据分析、业务智能等组件运行提供数据动力。

构建黄河数字孪生流域，要着力实现流域重点对象与其孪生体的孪生性。物理对象与对应的数字孪生体间的孪生性表现在结构拓扑同构、内在属性相同、时变状态相同、演进机理相同、信息能量实时传递和闭合循环等方面。构建黄河数字孪生流域，不是要为黄河流域保护治理涉及的每一个物理对象在信息空间都构建对应的孪生体，而是要根据物理对象在黄河流域保护治理整体中的重要程度，有选择地构建数字孪生体；同时，为物理对象构建的数字孪生体也要依据物理对象的重要程度、孪生性的强度而有所不同。如：在水利工程中，小浪底、三门峡、万家寨等控制性水库在防洪抗旱减灾，水资源配置调度，调水调沙等工作中发挥极为重要的作用，就要为其构建孪生性极高的数字孪生体；黄河下游滩区及蓄滞洪区是重要对象，同样需要构建数字孪生体，但其孪生性的强度可以比水库的弱一些。对于非常重要的物理对象而言，演进机理相同这一孪生特性尤为重要，其实现要借助数学模拟系统完成。

2. 构建数字孪生流域模拟仿真平台

流域模拟仿真平台核心是数学模拟系统，由以下 3 个部分构成。

（1）算据。算据，即数据，解决平台输入，用于训练模型算法。主要有以下 3 类。

①训练模型算法的样本数据，如历史洪水、灾情、降雨产汇流、气象、险

情、蓄滞洪区等数据，要建立主题数据仓库，高效管理维护样本数据。

②模型参数数据，同一个模型算法在不同的时空物理条件下都有一组相适应的复杂参数，如河道水沙演进模型需要的参数（如河床糙率、河道地形计算网格）极为复杂且是时空变化的，必须建立模型参数库，对模型的参数进行标准化、规范化、统一管理。

③业务规则及标准数据，如河道断面的生态流量指标、最严格水资源约束红线指标、特定区域的水环境承载能力指标等，要建立知识库，进行规范管理。

（2）算法。算法，即各类模型，包括机理、AI、规则等模型，解决平台智能，将数据转换为知识，主要包括气象、降雨、产汇流、河道水沙演进、冰凌、降雨产输沙、溃堤溃坝、水库调度、河口演进、水资源配置调度、水生态流量预警、水土流失侵蚀、工程运行安全、河流—经济社会—生态平衡度评价等模型。在给定时空边界约束下，这些模型或模型组合可以模拟预演可能发生的变化。如河道二维水沙演进模型可以模拟出水沙流速分布、水淹面积、水位、断面水宽等；再如，对应给定的来水过程，水资源配置调度模型，可根据人口、工业生产、农作物生长周期等因素，模拟计算出生活、工业、农业、河流生态之间的水量配置调度过程。这些模型对应的算法，有的是基于机理的，如河道径流演进的圣维南模型及马斯京根模型，也有基于大数据驱动的 AI 算法，如基于神经网络算法的水资源配置模型；同时，也有基于业务规则的算法。实现时，这些模型都分解成标准规范的最小化模型服务组件，如模型训练、数据预处理、结果可视化等组件，要建立弹性高效的模型服务组件管理库，管理模型组件的注册、增减、更新、升级、调用、配置等。

（3）算力。算力是指系统计算处理数据的速度，即支撑模型运行和结果展现的软硬件环境，解决平台计算能力。流域模拟仿真平台算力主要体现在硬算力和软算力。硬算力主要通过建设高性能物理计算机组成的云计算服务网络提供。软算力要利用先进成熟的技术，搭建可靠高性能的云计算运行和管理服务计算体系，具备并行、分布、流等计算能力，满足以数据为中心和计算为中心的多模式计算；建设多态数据存储和计算的云数据管理网，具备内存计算管理、OLTP（联机事务处理过程）、高 I/O 等能力，高效管理海量时空数据；采用先进的 GIS，

BIM，VR/AR等技术，搭建计算可视化虚拟现实环境。

3. 构建智能业务应用体系

对标"大系统设计，分系统建设，模块化链接"，必须总体设计黄河保护治理业务应用系统，分步推进业务子系统建设。

（1）水旱灾害防御及水资源管理方面。其中数字化、网络化、智能化是首要指标。需要整合已有资源，继续提升数字化、网络化水平，着力提升"四预"能力。要充分利用物联网、5G、卫星遥感等技术，进一步健全水旱灾害防御及水资源配置调度全要素数据监测体系，实现要素感知采集全覆盖；加快重点水利工程的数字化、智能化建设，提升水利工程运行的"四预"水平，提升流域工程群联合运行调度的"四预"能力。优先推进重大水利工程及黄河小花河段及下游河段的数字孪生建设。

（2）水行政管理方面。要围绕赋能水行政监督管理、水政监察、水行政和水资源保护执法等，推进全业务流程的数字化、网络化；同时，基于制度、规则及水政历史数据，逐步建立水政执法的规则模型和数据驱动的模型，提升水行政业务的预报预警能力。

（3）河湖管理方面。围绕水生态环境保护、水生态空间管控、河道岸线河口管理和保护，加快全业务流程的数字化、网络化；充分利用卫星遥感、GIS等技术，监测河湖管理保护的状态，建立时空数据分析模型，对河湖管理进行预测预警；建设黄河流域河长制工作系统，实现与省区河长制系统互联、信息共享、工作协同。

六、建设智慧黄河的作用

（一）促进了黄河流域高质量发展

1. 革新理念

黄河流域生态保护和高质量发展是新时代人民治黄事业的两大主题，围绕这两大主题，不少学者和地方政府建构了"让黄河成为造福人民的幸福河"的具体路径，智慧黄河建设因其在政策设计中广泛运用现代信息科学技术，精细化、智能化、智慧化反映黄河演变历史、现状和趋势，动态监测相关黄河关键指标信息，从而使得人民治黄事业在治理理念转变和治理工具的选择上达到了新的境界，也成了实现"让黄河成为造福人民的幸福河"目标的一条有效路径。从现有智慧黄河建设政策设计来看，其政策设计主要是通过信息技术手段动态监测黄河水环境变化、水沙关系变化、流域生态环境变化，围绕黄河流域生态保护这一主题，而对于黄河流域高质量发展的关注度却比较低。实际上，在人民治黄事业中，历来重视的都是黄河流域生态环境的保护，而忽视了黄河流域的高质量发展，实践证明忽视黄河流域高质量发展去推动黄河流域的生态环境建设很难成功。现在，协调推进黄河流域生态保护和高质量发展已成为最大共识，但在实践路径和机制上有待走出新的路子，而智慧黄河建设通过技术的革新使黄河治理理念发生了转变，同时智慧黄河建设本身也可以成为建构协调推进黄河流域生态保护和高质量发展的工具，从而使实现协调推进黄河流域生态保护和高质量发展这一愿望成为可能。

2. 开辟空间

随着近年来大数据技术、仿真模拟技术、物联网技术蓬勃发展，2013 年，黄委会提出到 2020 年基本建成"智慧黄河"，基本实现黄河水沙情势可感知、资源配置可模拟、工程运行可掌控、调度智慧可协同，基本满足治黄现代化的要求。在技术上，智慧黄河通过数学仿真模拟技术，建立水沙演进模型、河口模型等一系列数学模拟系统，在虚拟的环境条件下对工程进行布置，并在数字流场中通过改变来水来沙条件，模拟洪水对各种不同工程方案的影响，然后优化方案，再通过实体模型检验，确定设计方案，能达到事半功倍的效果。

可以看出，既有智慧黄河建设充分利用现代信息科学技术，数字化、智能化、智慧化建构黄河运行演变态势，使黄河相关生态环保和高质量发展方面的相关信息能够动态呈现，使变更黄河治理理念在技术上成为一种新的可能。实际上，既有智慧黄河建设的技术路线直接瞄准的是黄河流域生态保护问题，对黄河流域高质量发展问题的关注显然不够，但是也可能为黄河流域高质量发展开辟出新的空间。

（二）推动黄河流域高质量发展的机制构建

1. 总体思路

一是建立健全智慧黄河建设推动黄河流域高质量发展的组织体制，形成黄委会平台协调监控、地方政府和各个市场主体竞争参与的组织体系，黄委会在智慧黄河建设中要着力于打造服务黄河流域的平台，在此平台上预留其他市场主体进入的端口，类似于黄委会做手机操作系统而其他市场主体做 APP。

二是推动智慧黄河建设成为数字化产业的一个重要分支，进而推动黄河流域高质量发展的市场化机制的形成。

三是建立健全智慧黄河建设市场化机制的资金保障机制。如前所述，黄河流域生态保护和高质量发展所需资金体量特别庞大，因而应通过适宜的黄河流域高质量发展市场化机制确定黄河流域生态产品价格，进而构建起黄河流域的资金收费和投资机制，建立健全智慧黄河建设市场化机制的资金保障机制；为建立完善的智慧黄河建设市场化机制，有必要由政府主导成立黄河发展基金，并按照合适的比例把资金细分为安全基金、补偿基金、办公基金等，专项基金专项使用。

2. 形成黄河流域经济增长极

由于泥沙、悬河、断流以及生态等问题存在导致黄河水情特别复杂，黄河也成了世界上最复杂难治的河流，智慧黄河的建设相对其他大江大河难度也更大，因此在智慧黄河的建设过程中需要攻克更多的技术难关。黄河地跨九省，需要解决的相关问题很多。黄河流域存在的问题不仅难度大而且数量多，政府单方面力量的投入明显不足，这就需要通过市场化机制的建设引入企业、科研机构以及个人等多种市场主体的参与。在智慧黄河市场化机制建设初期，可以通过市场外包等方式引入多种市场主体的参与。此外，国家近年来特别重视信息产业的发展，提出了"数字中国"建设。智慧黄河建设要融入数字中国建设的总盘子当中，打造黄河流域数字产业，形成黄河流域经济增长极，推动黄河流域高质量发展。

七、建设智慧黄河的策略

（一）构建黄河流域基础支撑能力

充分运用云计算、物联网等信息技术，在黄河流域升级新一代信息基础设施，在计算机上模拟黄河流域的水系、水网及各项水利治理管理活动，建立全要素真实感知的黄河流域及其影响区域数字化映射，构建多维多元高保真数字模型，强化物理流域与孪生流域实时同步仿真运行，为"四预"功能运行提供支撑。

1. 建设新型信息基础设施

网络计算存储等基础设施高速发展为智慧黄河建设提供了高效的计算服务能力，为流域监管海量数据存储、处理提供保障。升级黄河信息网，改造网络核心设备和网信安全设备，打造高速、灵活、安全新一代信息干网络，构造全覆盖、全面支撑 IPv6 的下一代 SDN 架构黄河信息网；建设黄河云，充分整合利用已有计算、存储等基础设施资源打造新一代绿色节能安全稳定的黄河云数据中心。

2. 建立黄河流域数字底座

以黄河流域各类基础设施等为基础，以全流域数字地形为基石、千支流水系为骨干、水利工程为重要节点，构建以水利数据模型、水利空间网格模型、水工程 BIM 模型、监测感知数据等基准融合的多维多时空尺度数据模型，对物理流域及其影响区域进行全要素数字化映射，形成黄河流域的数字化场景，构建黄河流域的数字底座。

3. 构建黄河流域数字孪生平台

在黄河流域数字底座基础上，利用虚拟现实、增强现实等信息技术和专业模型方法，以黄河流域管理范围为边界、各项业务活动为主线、预报预警为关键环节，构建黄河流域数字孪生平台，在数据空间对黄河流域水利治理活动进行全息智慧化模拟，对可视化仿真模型和数字模拟仿真引擎进行渲染呈现，实现数字流域精准化模拟，支撑水安全要素预报、预警、预演、预案的模拟分析。

（二）建设黄河大脑

1. 构建黄河流域大数据知识库

以监测数据、业务数据、跨行业数据和空间数据为基础，以水旱灾害防御、水资源优化配置为主线，利用图谱分析展示水利数据与业务的整体知识架构，描述真实世界中的江河水系、水利工程和人类活动等实体、概念及其关系。构建大数据存储管理智能服务能力，应用知识图谱技术串起业务数据、调度预案、业务规则、专家经验、历史场景等，实现黄河流域各类水利知识的共建共享与便捷查询。

2. 构建新一代数学模型体系

数学模型是智慧水利的核心和灵魂，要加快推进新一代模型研发，突破水利智慧化模拟"卡脖子"难题，为加快构建具有预报、预警、预演、预案功能的智慧黄河体系提供模型支撑。

在流域洪水（径流）预报方面，研发具有强物理基础、遥感大数据和高性能并行计算的新型分布式水文模型，提升精细化模拟和预报能力，研究多源信息融合的网格化数值预报技术，延长水文预报预见期。在泥沙预测方面，研究模型高速化、智慧化、精准化建模方案，推动传统模型升级换代。在水工程调度方面，研究流域水工程防灾联合调度模型、流域水工程综合调度模型等，提升流域水工程调度能力。在水资源管理应用方面，围绕水资源刚性约束制度落实，构建流域尺度的水资源动态监管与精细化调配模型，提升对流域水资源供需情势变化的动态评估能力，提高水资源动态监管能力。在数字化场景建设方面，研发具有仿真模拟和实时渲染的可视化模型，为物理流域提供高保真数字化映射，提供虚实融合的可视化场景。

3. 构建智慧化水利模拟引擎

智慧化模拟仿真是针对流域特定模拟仿真应用场景，根据数学模型仿真计算需要，调用实时数据、历史数据和其他特定数据，基于数字孪生流域，对水利业务活动进行推演模拟、风险评估和可视化仿真，生成可行调度方案集，为制定预案提供支撑。智慧化模拟仿真包括水利业务场景信息要素提取、模拟仿真计算、调度实例管理。

（1）水利业务场景信息要素提取。针对特定模型仿真场景需求，形成以水系、行政区、水工程等节点信息为主的网络拓扑图，直观显示节点联系及水力联系，同时快速提取业务场景所需的河流、河段、水工程以及行政区社会经济等各类要素的基础信息、特征指标等信息，为特定场景下的仿真模拟提供数据支撑。

（2）模拟仿真计算。针对水利业务场景调度要求，灵活配置水利专业模型，也可通过模型组装形成新的模型，根据模型计算需求自动提取计算参数以及实时数据、历史数据和其他特定数据，基于可视化模型进行模型仿真计算，对仿真过程进行动态、实时的全要素分析、决策和优化，推动预报、预警、预演、预案全流程的仿真测试验证，并随时反馈到物理流域的相应对象、对应环节，指导物理流域的控制与运行，为调度方案的制定和执行提供智慧化决策支持。

4.构建智慧流域

以黄河流域数字孪生平台为基础，以黄河大数据库、智能算法和水利引擎为核心，利用人工智能、大数据分析、人机交互等信息技术，以预演为反馈、知识为驱动，实现黄河流域各类治理管理行为实时同步运行、全面精准预警、超前仿真推演和动态数字预案，支撑黄河流域智慧化决策。

参考文献

[1] 刘英基，邹秉坤，王二红.制度与服务：黄河流域文旅融合高质量发展的驱动逻辑——基于黄河沿线九省区的面板数据分析 [J/OL].河南师范大学学报（自然科学版），2022，（05）：9-18[2022-07-21].

[2] 姜国峰.保护传承弘扬黄河文化的价值、困境与路径 [J/OL].哈尔滨工业大学学报（社会科学版），2022，（04）：1-5[2022-07-21].

[3] 吴迪，韩凌月.基于"河长制"的黄河流域综合管理模式再思考 [J].延边大学学报（社会科学版），2022，55（04）：133-139，144.

[4] 贺建委，谢克家.黄河中下游过渡段国家文化公园的建设构想 [J/OL].中国国土资源经济：1-12[2022-07-21].

[5] 王佳.从《黄河博物馆概览》看黄河博物馆的展陈设计及文化传承 [J].人民黄河，2022，44（07）：166.

[6] 张建松.黄河流域水利风景区高质量发展的原则与路径 [J].华北水利水电大学学报（社会科学版），2022，38（04）：12-17.

[7] 徐腾飞，千析，王弯弯等.加快推进黄河水文化建设的思路与措施 [J].人民黄河，2022，44（S1）：5-6.

[8] 张东，朱双双，赵志琦等.黄河小浪底水库水沙调控与流域硫循环 [J].地球科学，2022，47（02）：589-606.

[9] 周子俊，单凯，娄广艳等.新形势下黄河健康评估指标体系研究 [J].人民黄河，2021，43（08）：79-83，129.

[10] 宋梦林，王园欣，史玉仙.黄河流域不同区段水资源与水环境特征及生态保护路径 [J].水资源开发与管理，2022，8（06）：17-25.

[11] 刘同超.黄河流域城市经济韧性与效率耦合协调关系研究 [J].河南科技学

院学报，2022，42（07）：18-25.

[12] 梁海燕.以法治推动黄河青海流域生态保护和高质量发展 [J].社科纵横，2022，37（03）：71-75.

[13] 苏全有，臧亚慧.民国时期黄河治理成效不彰的历史反思 [J].安阳师范学院学报，2021，（04）：84-89.

[14] 黄辉，伍丹.黄河流域水污染的监测与控制制度研究 [J].福州大学学报（哲学社会科学版），2022，36（03）：107-115.

[15] 杨素云.黄河档案中的"母亲河"意象与"民族象征"意蕴 [J].档案管理，2022，（03）：117-118.

[16] 王冰.黄河流域高质量发展水平测度及其耦合协调性研究 [J].财经理论研究，2022，（03）：14-26.

[17] 钟顺昌，邵佳辉.黄河流域创新发展的分布动态、空间差异及收敛性研究 [J].数量经济技术经济研究，2022，39（05）：25-46.

[18] 高明国，陆秋雨.黄河流域水资源利用与经济发展脱钩关系研究 [J].环境科学与技术，2021，44（08）：198-206.

[19] 杨婷，唐鸣.政策组合视角下中国政府黄河开发保护政策结构和逻辑研究——基于文本量化分析 [J].青海社会科学，2022，（02）：51-66.

[20] 孙嘉畦，杨军，尹增强等.黄河干流河南段黄河鲤的生长特征与资源合理利用 [J].渔业研究，2022，44（02）：109-114.

[21] 李慧君.黄河文化高质量发展视野下的出版实践与创新 [J].全国新书目，2022，（04）：135-138.

[22] 成辉.黄河流域专项治理视角下湿地保护法律问题的探析 [J].河北环境工程学院学报，2022，32（03）：42-49.

[23] 周自达.关于黄河立法的价值考量与制度建构 [J].河北环境工程学院学报，2022，32（02）：45-49.

[24] 翁淮南.黄河：中华民族的根和魂 [J].炎黄春秋，2022，（03）：52-58.

[25] 李甜甜，黄宇，刘玲伟等.黄河流域保护的立法路径分析 [J].经济师，2022，（03）：53-55.

[26] 时志强，郭喜玲.建设"黄河法治文化带"为黄河流域生态保护和高质量发展保驾护航 [J].中国司法，2022，（03）：36-41.

[27] 任保平，豆渊博.黄河流域水权市场建设与水资源利用 [J].西安财经大学学报，2022，35（01）：5-14.

[28] 张双悦.黄河流域产业集聚与经济增长：格局、特征与路径 [J].经济问题，2022，（03）：20-28，37.

[29] 司林波，张盼.黄河流域生态协同保护的现实困境与治理策略——基于制度性集体行动理论 [J].青海社会科学，2022，（01）：29-40.

[30] 史玉琴.黄河文化的精神内核及构建 [J].中共郑州市委党校学报，2021，（04）：80-83.